Word 论文排版之道

王靖元 编著

人民邮电出版社
北京

图书在版编目（CIP）数据

Word论文排版之道 / 王靖元编著. -- 北京 : 人民邮电出版社, 2021.2（2024.5重印）
ISBN 978-7-115-48311-9

Ⅰ. ①W… Ⅱ. ①王… Ⅲ. ①文字处理系统 Ⅳ. ①TP391.12

中国版本图书馆CIP数据核字(2020)第232349号

内 容 提 要

每年的毕业季，很多同学会为论文而烦恼，除了论文内容外，格式排版也让人伤透脑筋。对于不熟悉排版的人来说，每次修改都是对体力和耐力的考验，那么如何准确又快捷地进行论文排版呢？其实这也是一门学问，本书也许能让你豁然开朗。

本书将论文排版与 Word 等软件相结合，从读者写作编排的角度出发，以规范、效率为目的，紧密结合论文写作排版的整个过程来讲述软件的使用。全书共 10 章：第 1 章为准备工作，主要讲解了论文排版前的工具准备、软件设置及论文结构组成等方面的知识；第 2 章至第 8 章，以论文写作中的基本要素——页面设置、样式设置、封面制作及表格巧用、图表编辑、数学公式与化学式编辑、交叉引用与参考文献管理等为对象，讲解了综合运用 Word 功能完成既定编排要求的方法；第 9 章和第 10 章则教大家运用 Word 修改论文、添加批注、查找和替换内容等。

本书不仅可作为论文写作课程的教材或教学参考书，也可供论文写作者及其他文档（包括图书、技术手册、产品说明书、科研报告等大型文档）写作与编排人员参考使用。

◆ 编　　著　王靖元
　责任编辑　王　铁
　责任印制　陈　犇

◆ 人民邮电出版社出版发行　北京市丰台区成寿寺路 11 号
　邮编　100164　电子邮件　315@ptpress.com.cn
　网址　https://www.ptpress.com.cn
　固安县铭成印刷有限公司印刷

◆ 开本：800×1000　1/16
　印张：8.5　　2021 年 2 月第 1 版
　字数：186 千字　　2024 年 5 月河北第 9 次印刷

定价：49.80 元

读者服务热线：(010)81055296　印装质量热线：(010)81055316
反盗版热线：(010)81055315
广告经营许可证：京东市监广登字 20170147 号

前言

不管是学生，还是上班族，应该都听说过 Microsoft Office，其 Word 组件更是成为我们学习、工作中不可或缺的重要工具之一。但是，随着工作时间的增长，我却发现有许多读者和 Word 犹如最熟悉的陌生人，天天见面，天天使用，却对 Word 的许多功能不甚了解，往往在用最笨、最低效的方法完成各种繁杂的工作任务。有时候遇到稍微复杂一点的文档，便不知道该如何处置。即使能在网上搜索到只言片语，也是一头雾水，不知该如何下手，严重影响了工作效率。这让我常常深思，并对论文的撰写工作有了新的理解。我们撰写论文，不仅可以对个人学习、研究的成果进行归纳总结，而且通过这个撰写过程可以锻炼我们收集资料、分析问题、解决问题的能力，其中也包括熟练使用 Word 的能力。

就我的经历而言，我因撰写论文而不断掌握、熟悉了 Word 的使用方法，至今在工作中仍然受益无穷。但当年摸索的过程，却充满了许多坎坷、走了许多弯路。我经常不得不翻阅各种有关书籍，观看各种相关视频，并游走于各种贴吧、论坛。零敲碎打，东拼西凑，不断试验，不断总结，才勉强有所进益。可时至今日，仍然有许多在校的朋友在走我当年走过的弯路，其论文排版的过程不仅低效，排出来的效果更是让人不忍直视。于是，我决定以使用 Word 排版论文为切入点，以论文的排版过程为主线，把 Word 常用的操作技巧、辅助工具整理成一本通俗易懂的书，供自己、供大家参阅、学习，也希望该书能帮助大家提升用 Word 排版论文等长文档的能力，提升 Word 操作水平。

本书虽叫《Word 论文排版之道》，但是它所介绍的方法、技巧同样适用于其他长文档或普通短文档的编排。只不过从内容编写的角度而言，它以论文排版为载体进行讲解。书中除了会讲解用 Word 编排文档的方法与技巧外，还会围绕论文的排版介绍一些辅助工具的使用以及一些论文排版时需要遵守的简单编排规范。至于软件方面，Word 不同版本之间、WPS 和 Word 之间的使用原理是相通的，只是在操作界面上可能会有一些差别，学习时若能使用和本书一样的软件版本最好不过，但即使版本不太一样也不大影响学习。所以，大可不必过于纠结使用的软件版本。

此外，为了便于理解，本书的编写思路基本按照论文编排的顺序进行讲解，当然这个顺序并不是绝对的，各位读者也可以按照自己的习惯对文档进行编排。这个顺序在书中如果有更改，我会专门指出。本书编写的内容大体上可以分为四个部分，即编排论文前的准备工作、编排论文的具体经验与技巧、论文的修改与输出以及可能会用到的一些 Word 使用技巧。各位若感兴趣，可以按照这个顺序从头到尾通读，也可以直接选择关注的内容阅读学习。

最后，我不知道大家是否喜欢这本书，也不知道大家会如何评价这本书，但是于我而言，这本书从无到有，看着它不断充实、完善，就像看着自己的孩子不断成长一样，每有进展时都会让我身心愉悦、喜笑颜开，也总是不断幻想着大家能像我一样喜欢这本书、认可这本书。但我心里清楚，我既没有八斗之才，也不是专业编辑出身，而且文中所讲述的内容主要是我在使用 Word 的过程中探索、学习和归纳总结的经验之谈，囿于自身水平，因此书中所说、所述难免有不足之处。

如果此书能对各位读者有所裨益，乃我之荣幸；如果此书没有达到各位读者的期望，还望海涵！

王靖元

2020 年 11 月

第 1 章 准备工作

第 2 章 页面设置

第 3 章 样式设置

第 4 章 封面制作及表格巧用

第 5 章 图表编辑

第 6 章 数学公式编辑

第 7 章 化学式编辑

第 8 章 交叉引用与参考文献管理

第 9 章 论文的修改与输出

第 10 章 查找和替换

参考文献

致谢

01

Chapter

第1章　准备工作

本章主要讲解编排论文前需要做的一些准备工作，包括辅助工具的准备、Word 工作界面的设置、生僻字的输入以及论文结构的组成。阅读本章内容，可为后面顺畅编排论文做好充分的准备。

1.1 辅助工具的准备

正所谓磨刀不误砍柴工。在正式阅读本书之前，需要各位读者提前做好相关准备，包括两个方面的内容：一是编排论文需要用到的软件工具，二是相关的论文格式规范。

需要准备的软件工具一共有 8 个，如表 1.1 所示。表中所列软件工具并非都要准备好，各位读者可以根据自己编排论文的需要下载安装。之所以在此全部列出，是因为本书在讲解有关内容的时候可能会介绍或使用到。

表1.1 需要准备的软件工具

序号	软件名称	序号	软件名称
1	Microsoft Office 2016及以上/Microsoft Office 365	5	KingDraw
2	搜狗拼音输入法	6	化学金排
3	PDFelement（万兴PDF专家）	7	NoteExpress
4	AxMath	8	Xmind

笔者使用的 Word 是 Microsoft Office 365 版本，各位读者也可以使用 Microsoft Office 2016 及以上版本。由于 Microsoft Office 2013 版和 Microsoft Office 365 版界面相差不大，所以使用 2013 版问题应该也不大。但是如果使用的是更老的版本，如使用的是 2007 版，甚至是 2003 版，虽然编排理念本质上并没有什么不同，但是在具体操作上可能会存在一些差异。另外需要强调的是，Microsoft Office 和 WPS 是两款不同的软件。虽然 WPS 也能打开 Microsoft Office 编写的文档，但是用 Word 编排好的文档用 WPS 打开后，其格式常常会发生改变。比如，行间距可能会莫名其妙地变得不一样。总之，各位读者在使用 WPS 时，可以参考本书介绍的方法，但我不能保证书中讲解的方法步骤完全适用于 WPS。

笔者使用的输入法是搜狗拼音输入法 9.3 正式版，虽然本书不详细讲解文字的录入，但是在编写文档时，有时难免会遇到一些生僻字，知道怎么写，却不知道其读音，对于使用拼音输入法的读者来说，要输入这些字估计没少陷入尴尬。或者这个字比较生僻，使用拼音输入法输入时半天找不到该字。这种情况在输入化学名称时比较常见，如“砹”。因此，我以搜狗拼音输入法为例，介绍如何输入生僻字，包括那些我们知道如何写，却不知道怎么读的生字。用搜狗拼音输入法讲解生僻字的输入权当抛砖引玉，各位读者根据个人使用习惯，也可以自行研究用其他输入法输入生僻字的方法，以提高编排论文时文本内容的输入效率。

若要将论文导出为 PDF 文档，可以直接使用 Word 导出，但这种方法的操作步骤稍显麻烦。因为阅读文献时常常需要用到 PDF 阅读器，所以我在计算机上安装了一款 PDF 阅读器，它会在 Word 的工具栏上生成一个选项卡。单击该选项卡，单击【创建 PDF】按钮即可将论文导出为 PDF 文档。这种方法相对便捷，但不足之处是需要额外安装一款工具软件。若各位读者有兴趣安装，我推荐使用 PDFelement，官网上对它的定位是“秒会的全能 PDF 编辑器”，号称可像 Word 一样编辑 PDF 文档。虽说是一款付费软件，但其免费功能已够我们使用。若想付费购买，该软件还针对师生推出了 50% 的优惠政策。

AxMath 是一款数学公式编辑器，可能许多读者没有听说过，大家比较熟悉的公式编辑器应该是 MathType。虽然 AxMath 比较小众，但是其集公式编辑、排版和科学计算于一身，版式精美、操作简单、功能全面，可以作为 Word 的插件使用，能够完美取代同类软件 MathType。之所以向大家推荐 AxMath，而不是 MathType，主要有以下 3 点原因。

（1）利用 AxMath 编辑出来的公式比利用 MathType 编辑出的公式美观（或许有读者不认同，但是我的审美和看法的确如此，图 1.1 所示分别为用 MathType 和 AxMath 插入的数学公式，我觉得还是用 AxMath 插入的数学公式更美观）。

（2）用 AxMath 编辑公式时不仅可以采用单击输入、自定义快捷键输入、LaTeX 语法输入，还可以采用混合输入，而且采用 LaTeX 语法输入时，LaTeX 语法能够主动提示和自动补全，输入方法更加便捷。

（3）AxMath 的价格比较便宜。与 MathType 动辄四五百元的售价相比，AxMath 免费版（共享版）基本可以满足日常公式编辑需要，各位可到 AxMath 官网直接下载使用，即使是付费版价格也非常实惠，如果是个人使用，少抽一包烟、少看一场电影，只需花二三十元便可将其领回家①。

（a）用MathType插入的公式	（b）用AxMath插入的公式
$r=\frac{n\sum_{i=1}^{n}x_iy_i-\sum_{i=1}^{n}x_i\cdot\sum_{i=1}^{n}y_i}{\sqrt[3]{n\sum_{i=1}^{n}x_i^2-(\sum_{i=1}^{n}x_i)^2}\cdot\sqrt{n\sum_{i=1}^{n}y_i^2-(\sum_{i=1}^{n}y_i)^2}}$	$r=\frac{n\sum_{i=1}^{n}x_iy_i-\sum_{i=1}^{n}x_i\cdot\sum_{i=1}^{n}y_i}{\sqrt[3]{n\sum_{i=1}^{n}x_i^2-\left(\sum_{i=1}^{n}x_i\right)^2}\cdot\sqrt{n\sum_{i=1}^{n}y_i^2-\left(\sum_{i=1}^{n}y_i\right)^2}}$

图1.1　用MathType和AxMath插入公式的对比

KingDraw 是一款免费的化学结构式编辑器，目前提供手机版（iOS 和 Android）和 PC 版（Windows）下载，撰写论文时可以使用 KingDraw 代替 ChemDraw 绘制化学结构式、反应式等。KingDraw 具有以下几个优点：一是绘制结构式方便，其具有 AI 图像识别、智能手势绘制、智能美化、实时 3D 建模、名称与结构式互转、子结构式搜索、化学属性分析、内置丰富基团、极速分享等多种强大功能；二是多格式兼容，可以轻松将文件保存为 .cdx、.mol 等多种常用化学绘图软件的文件格式，并支持 ACS1996 等多种绘图标准；三是多终端同步，无论移动端还是 PC 端都可以方便编辑、查阅化学结构式，满足不同场景的使用需求；四是与 Office 互联互通，通过 KingDraw 编辑的化学结构式导入 Word 后可以进行二次编辑；五是永久免费，KingDraw 承诺手机版、Pad 版、PC 版所有功能永久免费使用。

此外，涉及化学公式等编辑时，还推荐使用化学金排。经过几十年的更新完善，目前可利用化学金排方便地编辑化学式、电子式、化学方程式等。配合 KingDraw 使用，可以大大提高化学符号的输入和编排效率。由于化学金排是一款共享软件，所以需要付费购买，好在其价格并不算太高。

①当初购买时，最低售价为29元。截至2020年3月14日，虽然该软件的最低价格已上涨为36元，但和3年前的29元相比，只涨了7元，平均每年上涨不到3元，还是比较优惠的。

接下来推荐的这款软件叫作 NoteExpress（简称“NE”），如果读者们需要插入参考文献，推荐各位读者借助这款软件插入和管理参考文献。图 1.2 所示是其官网首页，目前 NoteExpress 的标准版售价是 998 元①，不过官方推出了免费版，免费版支持用户使用一些基础功能，如果需要使用它的高级功能，却又不想支付那么高的费用购买标准版时，NoteExpress 还推出了多种收费方式，如图 1.3 所示，读者们可以根据需要自行选择。

图1.2　NoteExpress官网首页

图1.3　NoteExpress的多种付费方式

①这个价格仅供参考，随着时间的变化，软件的价格可能会出现变化。

最后推荐的这款工具叫作 Xmind，这是一款非常优秀的思维导图制作软件。利用这款工具，我们可以将论文格式规范进行逐一拆分，厘清格式设置的思路，提高格式设置的效率，还可以用其拟写论文提纲，厘清论文写作思路，提高论文写作效率。同类工具还有百度脑图，但其仅支持在网页端使用。

除了准备软件工具，各位读者还需要准备有关期刊论文格式规范或学位论文格式规范。本书中，笔者以《四川轻化工大学学报》自然科学版 2019 年稿件模板和清华大学《研究生学位论文写作指南》为例进行讲解，具体内容各位可自行在网上搜索下载。需要说明一点，由于讲解的需要，我在设置有关格式时可能会做一些变动，不会完全按照上述两个规范的规定设置。如清华大学学位论文格式规范要求页眉、页脚居中对齐，页眉奇偶页相同，且页眉为当前章的章标题或者与章标题同一级的标题。而有的学校则要求页码在外侧，即奇数页时页码在右侧，偶数页时页码在左侧，页眉居中对齐，奇偶页不同，奇数页为当前章的章标题，偶数页为学校名称。显然，后者编排要求比前者更复杂，如果掌握了后者的编排方法，必然也能掌握前者的编排方法。因此，为了更加清楚地讲解有关知识，我不会完全按照上述论文的规范要求进行设置和编排，各位读者在对照上述的论文格式规范阅读本书时要注意二者的不同。

1.2 Word 工作界面的设置

准备好了有关软件工具和论文格式设置规范，虽然可以直接开始编排论文，但是为了在编排论文时提高效率，接下来我们需要打开 Word 进行一些简单的设置。在设置时，我们可以根据个人使用习惯、某些功能的使用频率进行自定义，最大限度地让 Word 使用起来更方便、顺手，编排时更高效、舒适。

首先，打开【导航】窗格和标尺。新安装的 Word 默认是没有打开【导航】窗格和标尺的，如果不打开【导航】窗格和标尺，在编排论文时对定位文档位置会有些不便，因此我们需要先将【导航】窗格和标尺打开，具体步骤如图 1.4 所示。单击【视图】选项卡，在【显示】组里勾选【标尺】和【导航窗格】复选框。

图1.4 打开【导航】窗格和标尺的步骤

其次，自定义快速访问工具栏。在这一步我们需要将编排论文时常用的工具，如【插入图片】、【插入题注】和不在功能区的工具（如【样式分隔符】）添加到快速访问工具栏，以提高我们编排论文的操作效率，具体步骤如图 1.5 和图 1.6 所示。

（1）在 Word 最顶端左侧有一个小的倒三角按钮，单击该按钮，会打开一个菜单，选择菜单中最后一个命令【在功能区下方显示】。

（2）再次单击倒三角按钮（注意：此时这个按钮在功能区下方），然后选择倒数第二个选项【其他命令】，打开如图 1.6 所示的对话框。

（3）在图 1.6 所示的对话框中，按照图中标示顺序，将【常用命令】改为【所有命令】，然后所有快速访问工具的名称会根据首字母或名称首字拼音按照英文字母 A~Z 的顺序排列在②所示的列表框中。选择需要的快速访问工具，单击【添加】按钮即可将其添加到右侧列表框中，同理，单击右侧列表框中的快速访问工具，单击【删除】按钮则可以将该工具从右侧列表框删除。⑤所示两个三角形按钮可以调整被添加工具的排列顺序。笔者添加的快速访问工具如图 1.7 所示①。添加完毕后，单击图 1.6 中的【导入 / 导出】按钮，将 Word 的设置备份成一个文档，当重装 Office 或者在其他计算机上使用 Office 时，导入该文档即可恢复自定义的快速访问工具栏。

（4）单击【确定】按钮关闭图 1.6 所示的对话框。

图1.5 设置快速访问工具栏

图1.6 快速访问工具栏设置对话框

①这些快捷工具的先后顺序、工具的数量都是根据用户个人习惯而定的。在使用Word的过程中可以根据需要增减、重新排序有关快速访问工具，但为了避免重装Office后需要重新设置，一定要记住将该设置导出备份。

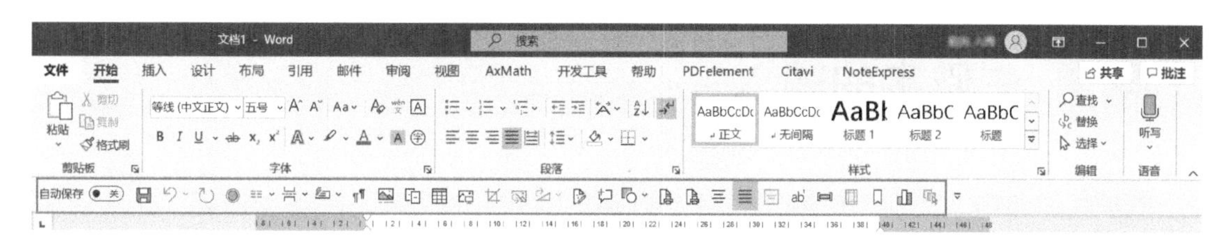

图1.7　作者自定义的快速访问工具

此外，也可以直接在功能区中设置快速访问工具。如添加【批注】至快速访问工具栏，如图 1.8 所示，单击【插入】选项卡，右键单击【批注】，会打开一个菜单，选择【添加到快速访问工具栏】即可。

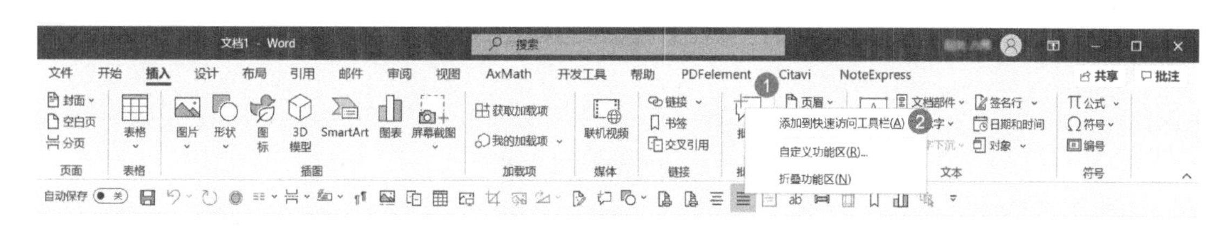

图1.8　添加快速访问工具

最后打开【显示 / 隐藏编辑标记】，打开方法如图 1.9 所示，单击图 1.9 中矩形框内的符号，符号所在位置会出现阴影底纹，此时表示显示编辑标记已经打开。打开该功能后，在文档中插入分节符、分页符等内容时，分节符、分页符等标记才能在页面上显示出来，这便于论文的编排操作。

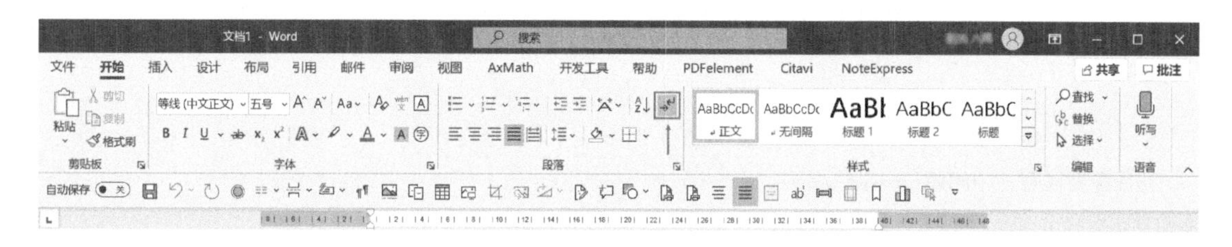

图1.9　显示编辑标记

1.3 生僻字的输入

使用拼音输入法输入文字，有时候会遇到一些字，我们知道怎么书写，却不知道其怎么读，如“砹”字；或知道怎么读，但因重码率太高而半天找不到该字，如“麾”字；或需要输入中文日期的零——“○”，但不知道怎么输入。遇到这种情况，我们可以利用搜狗拼音输入法的 u 模式或者手写输入。如果需要快速输入大写日期或者数字，可以使用 v 模式。如果需要插入一些符号，可以利用 Word 直接插入，但利用搜狗拼音输入法的符号大全插入更快捷。

u 模式是指在输入文字之前先按“u（中文输入模式下直接按 u）”，输入规则为“u+ 笔画顺序 / 文字拆分”。笔画顺序是指按照汉字书写的笔画顺序输入对应笔画的拼音首字母，常见笔画及其对应的拼音首字母如表 1.2 所示。例如，在 u 模式下输入“九”，输入方法如图 1.10 所示。文字拆分是指将文字拆分为几个部分，然后输入拆分后各部分汉字的汉语拼音，如输入“拆”，可以将“拆”字拆分为提手旁和“斥”，那么其输入方法如图 1.11 所示。

表1.2　常见笔画对应的字母

笔画	字母
横	h
竖/竖钩	s
撇	p
捺	n
点	d
折（横折钩、竖弯钩等）	z

这里需要注意三个问题：一是笔画顺序和文字拆分可以混合使用；二是笔画较简单的文字利用笔画顺序输入比较方便，笔画较为复杂的文字则不推荐使用该方法，而是推荐使用文字拆分法；三是要注意有些偏旁部首的读音。常见偏旁部首的输入拼音如表 1.3 所示。

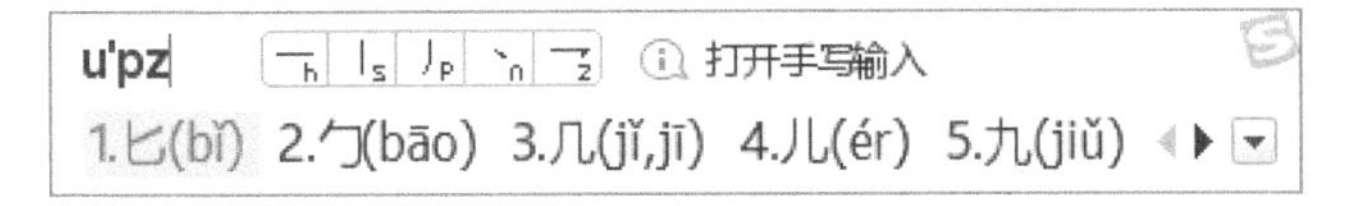

图1.10　u模式下通过笔画顺序输入文字

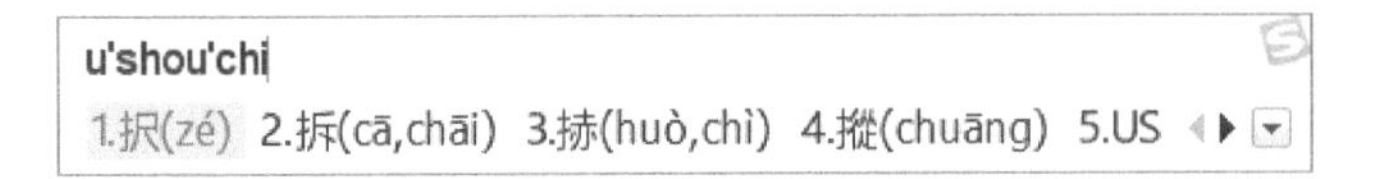

图1.11　u模式下通过文字拆分输入文字

表1.3 常见偏旁部首输入拼音

偏旁部首	输入拼音	偏旁部首	输入拼音
讠	yan	冫	bing
扌	shou	氵	shui
纟	si	灬	huo
忄	xin	阝	fu
钅	jin	卩	jie
礻	shi	辶	zou
衤	yi	廴	yin
犭	quan	勹	bao
幺	yao	冖	mi

由表 1.3 不难发现，虽然有的偏旁部首的输入拼音即为其读音，如提手旁（扌）的读音是“shou”，反犬旁（犭）的读音是“quan”，但是有的偏旁部首却不是其常见的读音，如四点底“灬”的输入拼音为“huo”，秃宝盖“冖”的输入拼音是“mi”。针对这种不常见的偏旁部首的读音，各位读者既不必刻意记忆，也不必慌张。遇到类似四点底“灬”这种不常见的偏旁部首的读音时，可以先利用 u 模式的笔画顺序输入法输出该偏旁，一般搜狗拼音输入法会在其后面标注读音，即偏旁部首的输入拼音。例如，想输入“羆”，但不知道四点底（灬）的输入拼音是什么，可以先利用搜狗拼音输入法输入四点底（灬），如图 1.12 所示；然后再利用 u 模式的文字拆分法即可输入“羆”字，如图 1.13 所示。

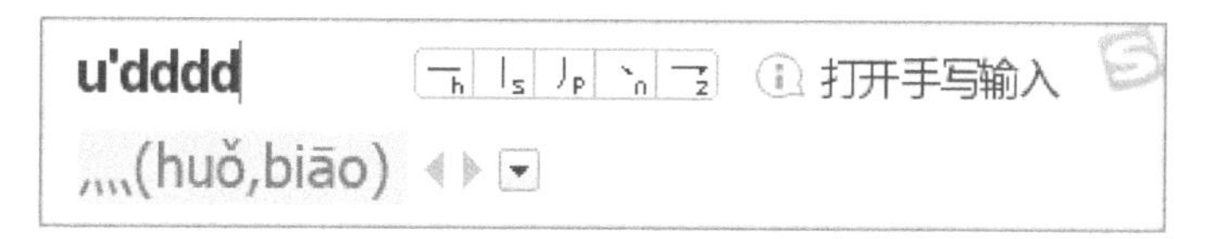

图1.12 u模式下通过笔画顺序输入法查找偏旁输入拼音

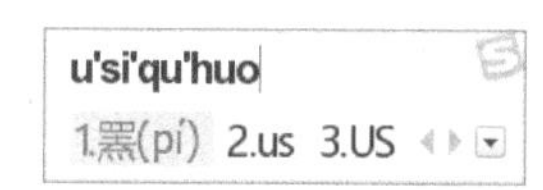

图1.13 输入演示

极少数情况下会遇到一些非常复杂的生僻字，如“鵖”，这时会发现即使使用 u 模式也不太容易输入，那么可以考虑使用搜狗拼音输入法的手写输入。首先输入“u”，搜狗拼音输入法的浮动面板上会显示【打开手写输入】，如图 1.14 所示，单击它即可打开图 1.15 所示的手写输入主界面，使用鼠标手写输入相应的文字后，在手写输入主界面右侧选项中单击文字即可。

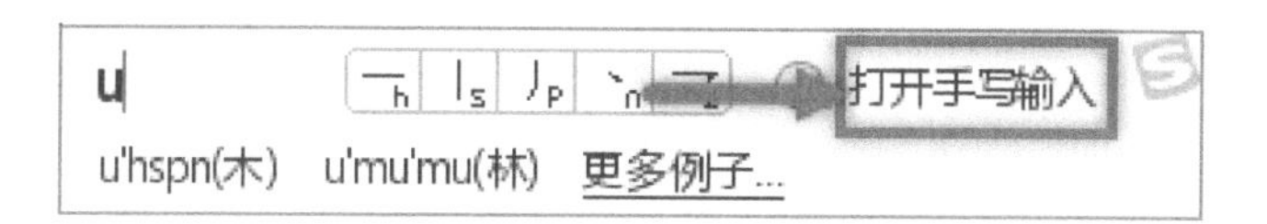

图1.14 打开搜狗拼音的【手写输入】

图1.15　搜狗拼音输入法手写输入主界面

v 模式可以用来快速输入大写数字和日期。例如，需要输入“壹仟玖佰玖拾捌”，只需要输入“v+ 阿拉伯数字”即可快速输入，如图 1.16 所示。输入日期时，只需要输入“v+ 阿拉伯数字 + 日期分隔符（/ 或 -）”，如图 1.17 所示。如果输入当天日期（星期、时间），甚至不需要使用 v 模式，直接输入简拼“rq”“xq”和“sj”即可，输入当前星期的演示如图 1.18 所示。

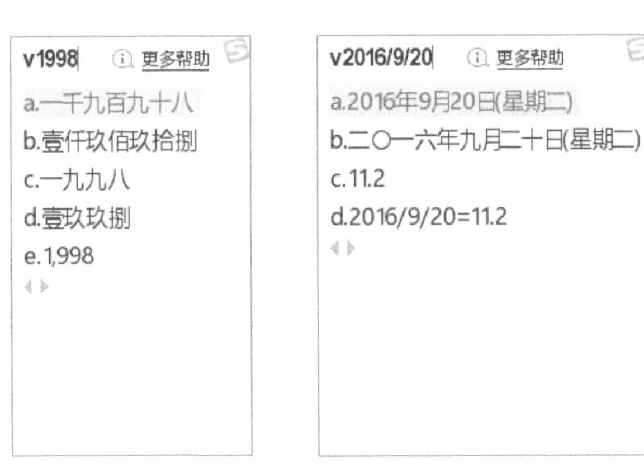

图1.16　v模式下快速输入数字　　图1.17　v模式下输入日期

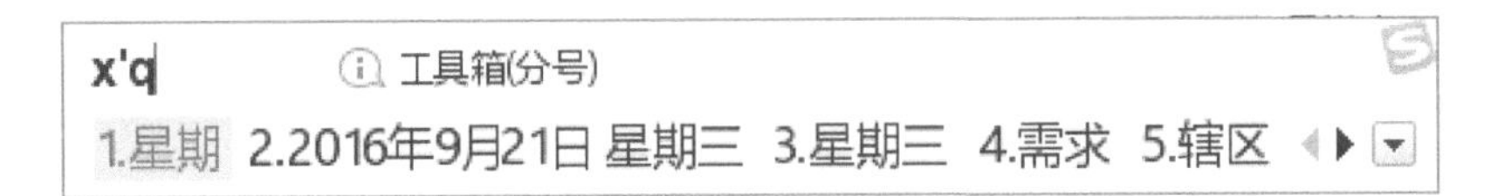

图1.18　输入当前星期

如果需要输入单位符号、罗马数字等，除了可以使用 Word 直接插入外，按【Ctrl+Shift+Z】组合键，即可打开图 1.19 所示的界面，大部分时候，使用搜狗拼音输入法符号大全插入特殊符号比使用 Word 直接插入更方便，因此笔者也比较习惯利用这种方法输入符号。

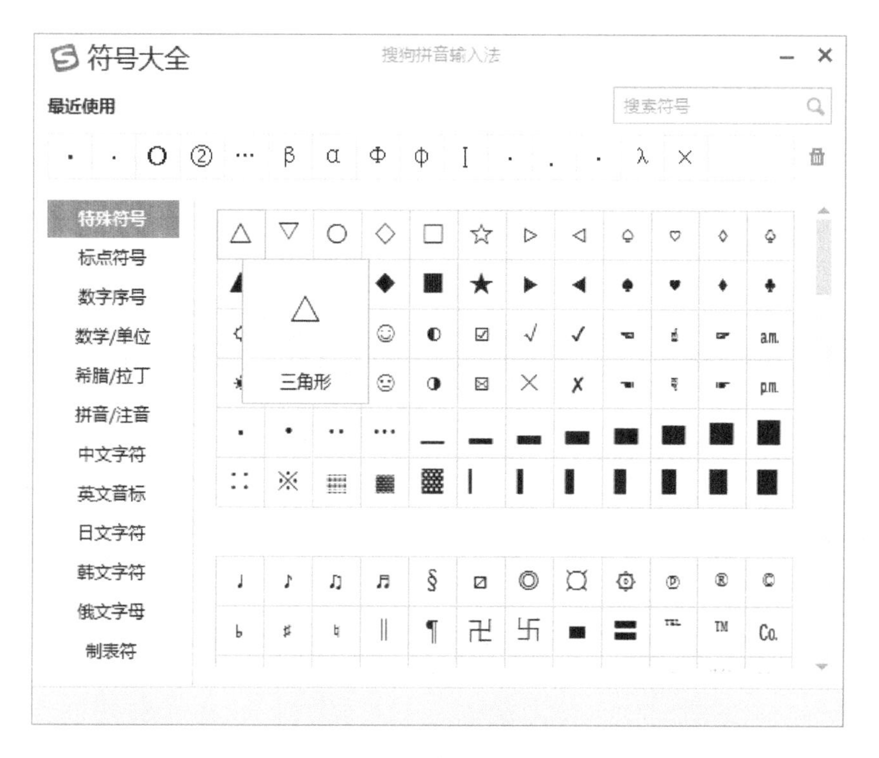

图1.19 搜狗拼音输入法符号大全

最后，搜狗拼音输入法支持自定义短语设置，我们可以为一些常用的短语设置快捷输入缩写。比如，在编写本书时，经常需要输入“KingDraw”“NoteExpress”，通过分别设置缩写符号“kd”“ne”，可大大提高文本输入效率，具体设置方法如下。

（1）右键单击搜狗拼音输入法状态栏，选择【属性设置】，打开【属性设置】对话框。

（2）单击【高级】选项卡，在【候选扩展】栏勾选【自定义短语】复选框，如图 1.20 所示。

（3）单击【自定义短语设置】按钮，打开【自定义短语设置】对话框，单击【添加新定义】按钮即可自定义短语快捷输入缩写，如图 1.21 所示。

图1.20　搜狗拼音输入法属性设置

图1.21　自定义短语设置

1.4 论文结构的组成

论文的组成结构是编排论文时分节的参考依据，而分节是用 Word 编排论文时非常重要的一个概念，因此从宏观上了解和掌握论文的组成结构对于编排论文具有非常重要的意义。表 1.4 和表 1.5 所示分别是期刊论文和学位论文的组成结构①，按照文前、正文和文后三个部分划分，各自又包含不同的内容，其组成结构与分节关系将在后文中具体讲解。

表1.4 期刊论文组成结构

结构	组成内容
文前	标题
	作者/作者简介
	作者地址
	中英文摘要
正文	正文内容
文后	参考文献

表1.5 学位论文组成结构

结构	组成内容
文前	中文封面
	英文封面
	原创性说明和授权使用说明书
	中文摘要
	英文摘要
	目录
正文	正文内容
文后	参考文献
	致谢
	附录
	作者简介

因各杂志编辑部和学校的要求不同，论文的具体组成内容不同，需要查阅前期准备的论文格式规范，以格式规范为准。

①表中所示只是大体结构内容，具体到每一篇论文时，可能存在一些差异。

02

Chapter

第 2 章　页面设置

使用 Word 编排论文一个比较好的经验做法是由宏观到微观，由粗到细。所谓宏观，就是根据论文的组成结构，利用分隔符搭建整体的编排框架；所谓微观，就是具体的文本输入、格式设置。本章的主要内容就是从宏观上讲解如何在 Word 中设置页边距、纸张大小，如何通过插入分隔符搭建论文的框架，以及如何根据不同的要求设置不同的页眉、页码。

2.1 页边距设置

表 2.1 是清华大学硕士学位论文的页边距设置要求，我们以各个学校的论文要求为准。打开 Word 正式开始撰写论文前，建议各位读者先用 Xmind 将论文的组成结构和提纲列出，图 2.1 是笔者以《基于 RCM/TPM 的城市污水处理厂设备维修模式研究》[1] 的提纲为例画出的结构图。打开 Word 后，不必着急输入文本内容，而是先进行页面设置。按照图 2.2 所示的步骤，先单击【布局】选项卡，然后单击【页面设置】组右下角的对话框启动器，可以打开图 2.3 所示的【页面设置】对话框（也可以直接通过快速访问工具栏打开，下文中将直接通过快速访问工具栏打开）。

表2.1　清华大学硕士学位论文页边距

单位：cm

页边距	中文封面	英文封面	其他部分
上	6	5.5	3
下	5.5	5	3
左	4	3.6	3
右	4	3.6	3
装订线	0	0	0

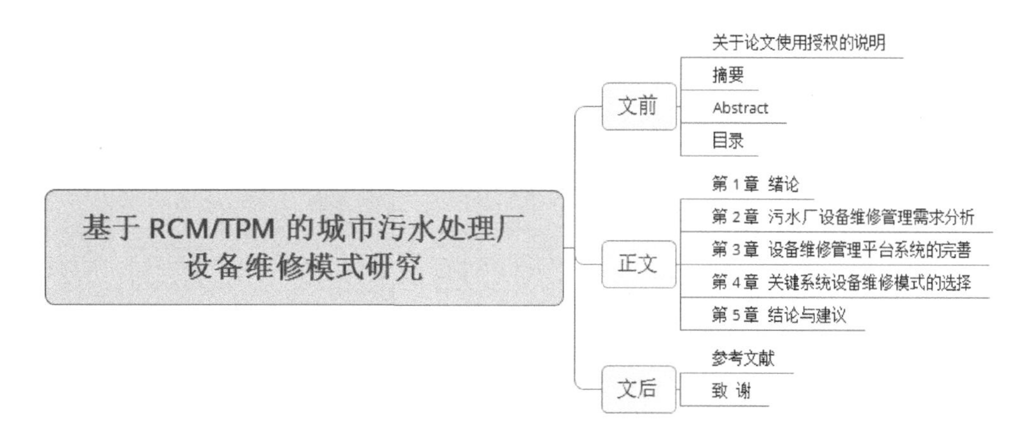

图2.1　论文结构图及提纲

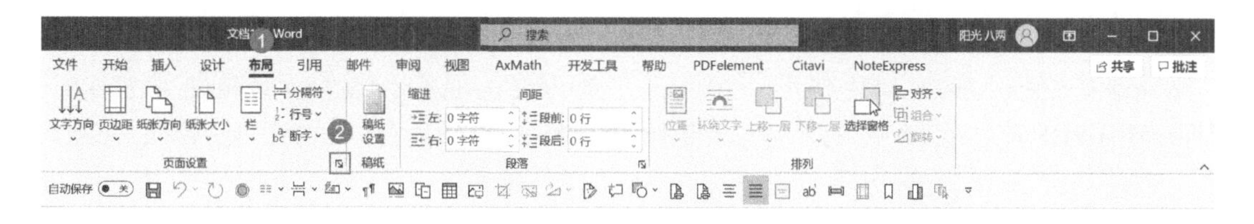

图2.2　打开【页面设置】对话框的步骤

该对话框有【页边距】、【纸张】、【版式】和【文档网格】四个选项卡。我们先设置第一个选项卡——【页边距】。有的期刊论文没有对页边距做出具体要求，可以使用默认值。但是学位论文基本都有具体要求，清华大学《研究生学位论文写作指南》中对中文封面、英文封面和其他部分的页边距要求甚至还不一样，请参见表2.1。这种情况比较少见，处理这种情况需要先对文档进行分节，其实更多时候只要求设置一种页边距，这种情况下不必先分节，我们可直接设置页边距。因为清华大学《研究生学位论文写作指南》要求中英文封面、其他部分页边距不一样，所以笔者先将文档分为三节，然后再设置各部分的页边距。分节的具体设置方法见“2.3 分隔符和分栏的设置”。

设置学位论文的页边距时，因为有的论文格式规范要求页码居于页面外侧，且不同部分的页边距要求可能不一样，所以页码范围需要改为【对称页边距】，应用范围根据实际情况选择是否应用于本节。

图2.3 【页面设置】对话框

2.2 纸张设置

Word 默认纸张大小为标准 A4 纸（21cm×29.7cm），通常情况下，论文格式规范也要求用标准 A4 纸编排，因此使用默认设置即可。但在工作中，有时会要求使用其他尺寸的纸张，如 A3 或 A5 尺寸的纸，那么需要进行设置。

2.3 分隔符和分栏的设置

在【布局】选项卡的【页面设置】组有两个比较常用的命令，一个是【栏】，另一个是【分隔符】，其所在位置如图 2.4 所示，图中【分隔符】又包括分页符和分节符，分页符和分节符的类型如表 2.2 所示。由于笔者设置了快速访问工具栏，所以在设置分隔符时将直接通过快速访问工具栏操作。

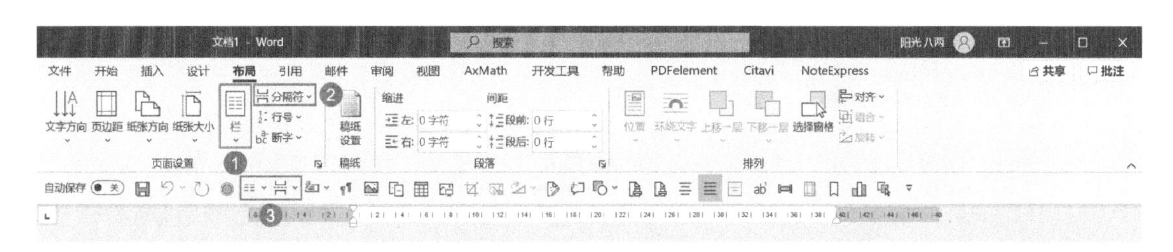

图2.4 分隔符位置

表2.2 分隔符类型

分隔符	各分隔符类型
分页符	分页符
	分栏符
	自动换行符
分节符	下一页
	连续
	偶数页
	奇数页

在编排期刊论文时，有的期刊论文要求双栏排版，即文前部分是单栏排版，正文和文后部分是双栏排版，如图 2.5 所示。《CRISPR/Cas 工具的开发和应用》中，文前部分的标题、摘要、关键词为单栏排版，正文内容为双栏排版。这就必须插入分节符将文前和另外两部分分开，即通过分节符将其前后两个部分的文档分为两个节。而且，因为文前之后需要紧接着编排正文，所以插入的分节符应该是【连续】分节符，如图 2.6 所示。插入连续分节符后将光标定位到分节符之后，然后单击【栏】，选择将分节符之后的内容设置成两栏，分栏设置方法如图 2.7 所示，最终结果如图 2.8 所示。

科学通报
评 述

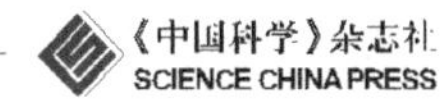

CRISPR/Cas工具的开发和应用

方凯伦, 杨辉*

中国科学院上海生命科学研究院神经科学研究所, 神经科学国家重点实验室, 中国科学院灵长类神经生物学重点实验室, 中国科学院脑科学卓越创新中心, 上海脑科学与类脑研究中心, 上海 200031

* 联系人, E-mail: huiyang@ion.ac.cn

2019-12-06 收稿, 2020-01-31 修回, 2020-01-31 接受
国家自然科学基金(31871502)资助

摘要 CRISPR/Cas系统是细菌、古菌抵抗外源DNA或RNA入侵的免疫系统, 细菌和古菌通过crRNA和Cas蛋白识别靶标DNA或RNA, 并切割这些外源入侵核酸. 目前, CRISPR/Cas系统已广泛应用于基因编辑领域, 多种Cas蛋白的发现扩宽了CRISPR/Cas编辑基因的范围. 如Cas9和Cas12可在基因组上靶向插入或删除DNA序列; Cas13和RCas9可靶向切割RNA. 另外, 多种Cas衍生工具的开发让CRISPR/Cas系统发挥更多的功能. 如基因编辑方面, 通过base editor可进行DNA单碱基编辑, 通过prime editor可进行DNA单碱基编辑和小片段插入缺失; 如基因表达调控方面, 通过CRISPRa和CRISPRi可以激活或抑制基因RNA表达. 同时, CRISPR/Cas系统还广泛应用于功能基因遗传筛选、基因检测、活体成像、细胞谱系示踪等多个领域. 随着CRISPR/Cas基因编辑工具的不断开发, 将不断促进科学研究进展, 并有望通过CRISPR/Cas介导的基因治疗为患者带来福音.

关键词 基因编辑, 基因治疗, CRISPR/Cas, Cas9

基因编辑是研究基因功能的重要手段. 通过基因编辑使某个基因过表达或失活, 影响细胞状态, 由此研究基因功能. 自1971年Danna和Nathans[1]第一次使用核酸内切酶(endonuclease) R切割SV40 DNA以来, 基因编辑已有近50年历史, 大量工具酶被开发应用于基因编辑, 如巨核酸酶[2](meganuclease)、1996年开发的ZFNs[3](zinc finger nucleases, 锌指核糖核酸酶)、2010年开发的TALENs[4](transcription activator-like effector nucleases, 转录激活因子样效应物核酸酶)和2012年开发的CRISPR/Cas系统[5,6](clustered regularly interspaced short palindromic repeats/CRISPR-associated genes, 规律间隔成簇短回文重复序列及相关基因). 巨核酸酶识别的DNA序列极为有限, 应用范围小. ZFNs和TALENs利用蛋白质模块识别DNA序列并进行切割, 然而构建识别DNA序列的蛋白质模块耗时耗力, 操作难度较大, 切割效率又低, 限制了ZFNs和TALENs的广泛应用. CRISPR/Cas技术基于核苷酸的碱基互补识别DNA或RNA进行切割[7], 实验操作简便, 成为目前使用最广泛的基因编辑技术.

CRISPR/Cas系统是细菌、古菌抵抗外源DNA或RNA入侵的获得性免疫系统. 外源基因入侵细菌时, 细菌抓取外源基因, 切割成一定长度的spacer插入到自身基因组的CRISPR array中, 形成对入侵者的记忆. CRISPR array转录出带有spacer序列的crRNA(CRISPR RNA), 这些crRNA与Cas组成复合体, 像侦察兵一样寻找是否有和自己匹配的入侵者序列. 一旦外源基因再次入侵, crRNA/Cas蛋白复合体匹配到入侵基因上进行切割, 消除外源基因[8].

CRISPR/Cas的切割系统包含两部分, crRNA和效应蛋白内切酶Cas. crRNA通过碱基互补配对识别靶标

引用格式: 方凯伦, 杨辉. CRISPR/Cas工具的开发和应用. 科学通报, 2020, 65
Fang K L, Yang H. Advances and applications of CRISPR/Cas toolbox (in Chinese). Chin Sci Bull, 2020, 65, doi: 10.1360/TB-2019-0806

图2.5 期刊论文双栏版面示例

图2.6　插入连续分节符

图2.7　分栏

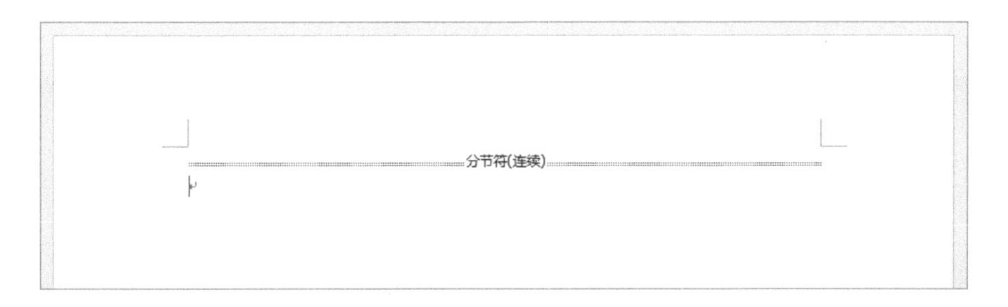

图2.8　期刊论文分节、分栏后最终结果

相比期刊论文，学位论文的分节较为复杂。假设学位论文的组成结构如表 2.3 所示，其中正文部分一共有 5 章。要求各部分内容都从奇数页开始编排，那么插入的分节符应该是【奇数页】分节符，且插入位置和插入数量如表 2.3 所示。插入方法如图 2.9 所示。在“2.1 页边距设置”讲解硕士学位论文的页边距设置时，提到清华大学《研究生学位论文写作指南》要求中文封面、英文封面和其他部分页边距设置各不相同，因此需要特殊处理，即先分为 3 节，然后分别设置每一节的页边距。下面，根据表 2.3 所示的论文组成结构继续将第 3 节进一步细分成不同的节。假设现在已经按照图 2.9 所示方法插入了两个【奇数页】分节符，然后分别将光标定位至第 1 节、第 2 节和第 3 节，并按照图 2.10 所示方法设置每一节的页边距。由于学位论文需要双面打印，所以在图 2.10 中第 3 步应选择【对称页边距】。特别需要注意的是第 4 步，在设置页边距时，第 1、2 节应该选择【应用于】为【本节】，而第三节则应该选择【应用于】为【插入点之后】。如果整篇文档只有一种页边距，那么就不用这么麻烦，在设置页边距时只需要选择【应用于】为【整篇文档】即可。

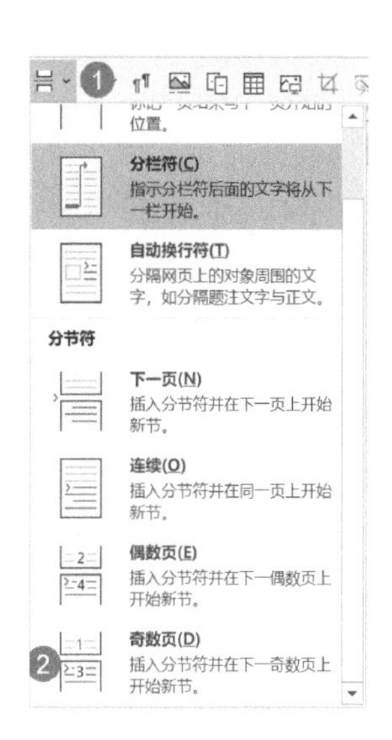

图2.9　插入【奇数页】分节符

表2.3　学位论文组成及其分节

结构	组成内容	节	数量
文前	中文封面	第1节	1
	英文封面	第2节	1
	原创性说明和授权使用说明书	第3节	1
	中文摘要	第4节	1
	英文摘要	第5节	1
	目录	第6节	1
正文	正文内容	第7~11节	5
文后	参考文献	第12节	1
	致谢	第13节	1
	作者简介		

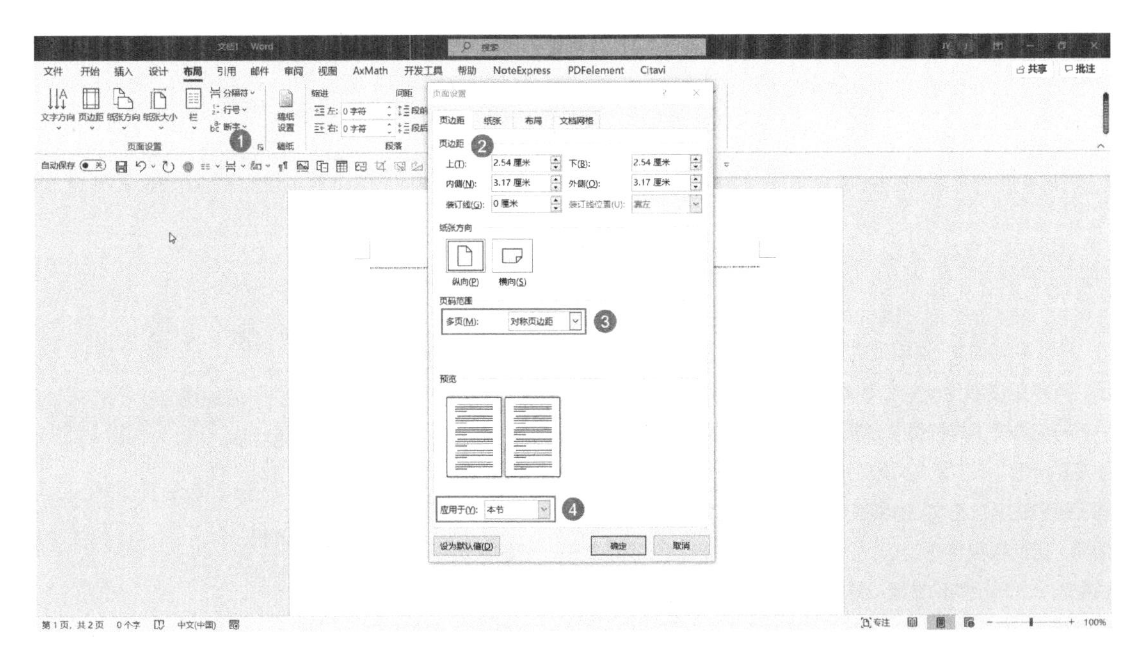

图2.10　设置页边距

2.4 页眉和页脚设置

提到页眉和页脚的设置，笔者在此强调一下，如果是期刊论文，可以按照本书顺序继续往下阅读，但如果是学位论文，最好先将样式设置完毕，然后再回头设置页眉和页脚。因为学位论文在设置页眉时，如果要求页眉为当前章的章标题或者与章标题同一级的标题，且当正文中的章标题或者与章标题同一级的标题发生改变时，页眉要能自动更新，那么前提是这些标题已经应用了某一种样式，不然无法操作。因此如果各位读者在设置学位论文的页眉和页脚时想实现上述功能，建议可以暂时跳过这部分内容，先阅读“第 3 章 样式设置”的内容，设置完样式后再回到这部分内容，继续完成页眉和页脚的设置。此时假设学位论文的样式已经设置完毕，Xmind 整理的论文结构和大纲也已按照表 2.3 所示分节填入对应的预留位置，并且应用了对应的样式。

2.4.1 期刊论文页眉和页脚设置

期刊论文很少要求设置页眉，其页脚大多时候也只是在第一页用于填写收稿日期、基金项目和作者简介等内容。当然，收稿日期、基金项目和作者简介等内容也可以通过插入脚注的方式填写在期刊论文首页页面下部。但是，如果这一页在撰写论文的过程中正好需要插入脚注，那么作者简介等内容和论文中需要添加的脚注之间在编排上会出现不便，所以笔者习惯将作者简介等内容以页脚的形式插入首页页脚。不过需要注意的是，第二页以后的页脚并不需要出现作者简介等内容，因此需要断开第二页与第一页页脚的链接。如果是双栏排版，文前与正文之间会插入一个【连续】分节符，因此第一页和第二页实际上分属两个不同的节，双击第二页页脚可以取消链接到上一条页脚。如果是单栏排版，不插入分节符时，第一页和第二页属于同一个节，因此第二页页脚不能和第一页页脚断开链接。此时，各位读者不妨也像双栏排版一样，插入一个【连续】分节符，然后再断开第二页页脚和第一页页脚的链接。断开第二页页脚与第一页页脚的链接后，在第一页页脚填写收稿日期、基金项目、作者简介等内容，填写完毕后可以进入下一步——设置期刊论文的样式，具体操作方法见“第 3 章 样式设置”。

2.4.2 学位论文取消页眉和页脚链接

在学位论文里通常会要求设置页眉和页脚，而且不同的组成结构中其页眉、页脚要求也不尽相同。

页眉方面，以清华大学《研究生学位论文写作指南》中页眉和页脚设置要求为例，其中英文封面、授权使用说明书不需要页眉、页脚，中文摘要至文末要设置页眉，并且全部为当前章的章标题或者与章标题同一级的标题，如“摘要”“目录”“参考文献”等标题，其他大学的学位论文甚至要求奇数页页眉为当前章的章标题或者与章标题同一级的标题，而偶数页页眉则为学校名称。

页脚方面，通常中文摘要至正文及正文前页面的页码要求用大写罗马数字书写，正文及正文后页面的页码要求用阿拉伯数字书写。而且有的学位论文格式规范要求页码居中对齐，页码两端不添加任何装饰符号；有的则要求页码在页面的外侧，即奇数页的页码在页面的右侧，偶数页的页码在页面的左侧，页码两端不添加任何装饰符号；还有的要求页码居中对齐，格式为“第 X 页　共 Y 页”。

为便于大家更好地理解页眉和页脚的设置方法，在本书中我们参考清华大学《研究生学位论文写作指南》的要求做如下设置规定。

页眉的设置要求：封面、授权使用说明书等部分的页面不需要页眉；中文摘要及其以后部分的页面需要页眉，且页眉居中，奇偶页不同；其中奇数页页眉为章标题或者与章标题同一级的标题，偶数页页眉为学校名称。

页脚[①]的设置要求：封面、授权使用说明书等部分的页面不需要页脚；中文摘要至目录的页脚设置页码，页码用大写罗马数字书写；正文及正文以后部分的页脚设置页码，页码用阿拉伯数字书写，两种页码的两端都不加任何装饰符号，并且双面打印后，页码应在页面的外侧，即奇数页页码在页面的右侧，偶数页页码在页面的左侧。

为了满足上述排版要求，在正式设置页眉和页脚之前，需要先设置页眉和页脚奇偶页不同、首页不同，然后再根据页眉和页脚的设置要求在相应的位置取消链接到前一条页眉或者页脚。

如图 2.11 所示，单击【布局】-【页面设置】组的启动器，打开【页面设置】对话框，并单击【布局】选项卡，勾选【奇偶页不同】和【首页不同】复选框，并选择【应用于】为【整篇文档】，然后单击【确定】按钮。

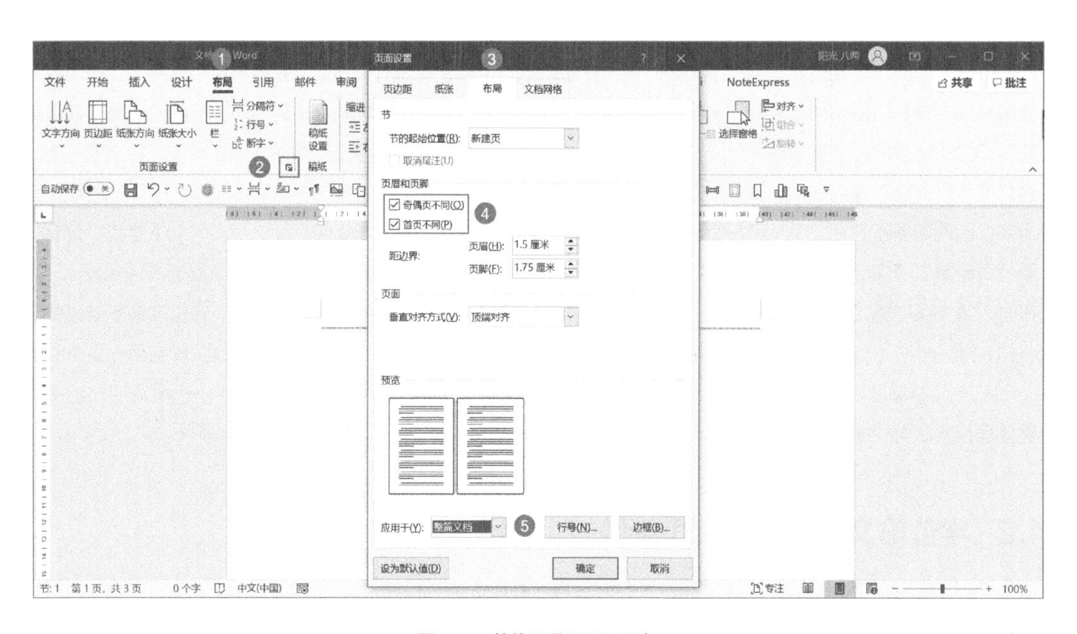

图2.11　整体设置页眉和页脚

由于中文封面、英文封面、授权使用说明书不需要页眉，中文摘要至目录部分奇数页的页眉分别为各组成部分中和章标题同一级的标题，即“摘要”“Abstract”“目录”，正文奇数页的页眉为各章的章标题，参考文献至作者简介部分奇数页的页眉为各组成部分中和章标题同一级的标题，即“参考文献”“致谢”等，所以中文摘要、正文、参考文献各自的第一页奇数页页眉都需要取消链接到前一条页眉。取消链接方法如图 2.12 所示，首先双击页眉，激活【页眉和页脚】选项卡，然后单击【链接到前一节】，如果没有阴影底纹表示已取消链接，下文中页脚取消链接到前一条页脚的操作步骤与此相同。

①因为学位论文里页码常添加至页脚里，所以本书中所说页脚和页码意思等同。

图2.12 取消链接到前一条页眉

除了中文封面、英文封面、授权使用说明书，剩下部分偶数页页眉都是学校名称，因此，只需要在中文摘要第一页偶数页页眉处取消链接到前一条页眉即可。不过此时中文摘要页面并没有偶数页，因此需要先插入一个【分页符】拓展出偶数页，再设置偶数页的页眉。

由于中文封面、英文封面、授权使用说明书不需要页脚，中文摘要至目录部分页码为大写罗马数字，正文及正文以后部分为阿拉伯数字，并且奇数页页码在右侧，偶数页页码在左侧，所以，需要在中文摘要、正文各自的第一页奇数页和第一页偶数页处取消链接到前一条页脚，取消链接后设置奇数页的页码右对齐，偶数页的页码左对齐。

表 2.4 打钩位置标明了设置页眉和页脚时需要取消链接的位置，这个表可以清晰明了地显示需要设置分节符的位置、数量，需要取消页眉和页脚链接的位置，建议在编排论文时对照论文格式规范中的设置要求，先用这个表标出相关节和需要取消链接的位置，然后再对照这个表在 Word 中进行设置。这样做既能提高设置的效率，还不容易出错。

表2.4 分节符设置位置

结构	组成内容	节	取消链接到前一条页眉			
			页眉		页脚	
			奇数页	偶数页	奇数页	偶数页
文前	中文封面	第1节				
	英文封面	第2节				
	原创性说明和授权使用说明书	第3节				
	中文摘要	第4节	√	√	√	√
	英文摘要	第5节				
	目录	第6节				
正文	正文内容	第7~11节	√		√	√
文后	参考文献	第12节	√			
	致谢	第13节				
	作者简介					

2.4.3 学位论文页眉设置

按照表 2.4 所示位置取消链接后，可以设置页眉和页脚的具体内容。

首先是插入页眉。因为奇数页页眉为当前章的章标题或者与章标题同一级的标题，偶数页页眉为学校名称，所以需要分别设置奇数页和偶数页。对照表 2.4 可以发现，需要设置奇数页页眉的地方一共有三处。第一处是摘要部分首个奇数页，第二处是正文首个奇数页，第三处是文后首个奇数页。三处插入页眉的方法相同，下面以摘要部分首个奇数页插入页眉为例。按照图 2.13 所示的步骤，双击第 4 节（摘要）首个奇数页页眉处，激活【页眉和页脚】选项卡，单击【文档部件】-【域】选项，打开【域】对话框，如图 2.14 所示。

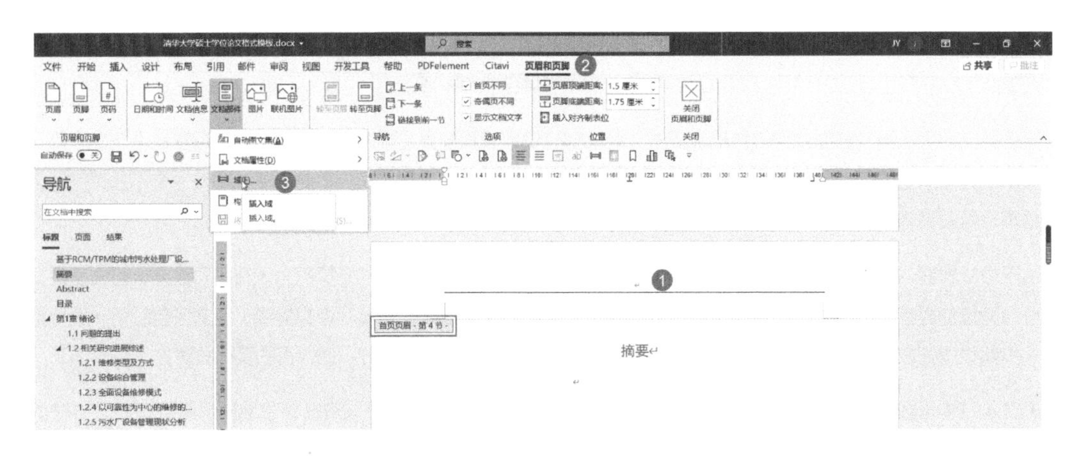

图2.13　打开【域】对话框

图2.14　【域】对话框

然后按照图 2.14 所示的步骤，将域【类别】设为【链接和引用】，将【域名】设为【StyleRef】，在右侧【样式名】中选择摘要应用的样式，然后单击【确定】按钮，摘要部分的奇数页页眉便设置完毕，按照表 2.4 所示奇数页页眉打钩位置分别重复操作上述步骤，即可完成所有奇数页页眉的设置。

这里需要注意一点：正文部分的章标题包含两个部分，即标题编号和标题文本。因此在正文部分的奇数页插入页眉时，需要插入两次【StyleRef】域代码，并且第一次需要勾选【样式名】右侧的【插入段落编号】复选框，如图 2.15 所示，否则只能插入章标题的标题文本，如图 2.16 所示。

图2.15 在正文的奇数页插入页眉

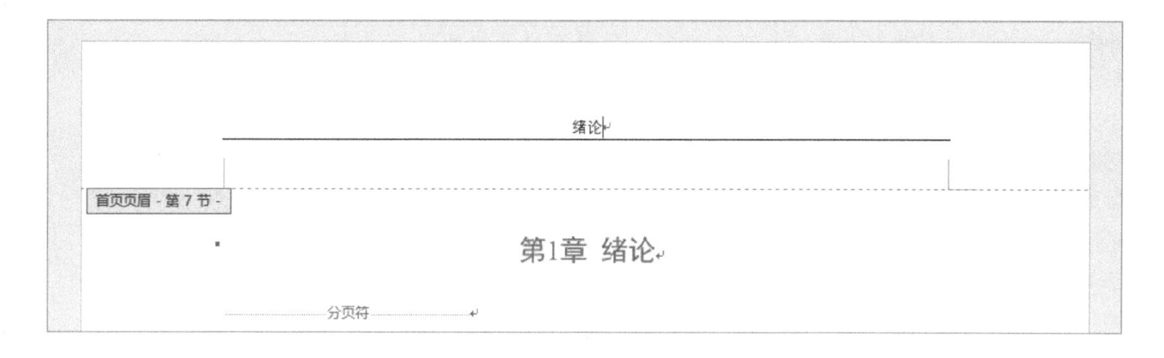

图2.16 只插入标题文本

奇数页页眉分别设置完毕后可以设置偶数页页眉，因为除了中英文封面、授权使用说明书等不需要页眉和页脚外，剩余部分内容的偶数页页眉皆为学校名称，所以只需要在摘要首个偶数页页眉处输入学校名称即可，如输入“清华大学”。最终结果如图 2.17 所示。

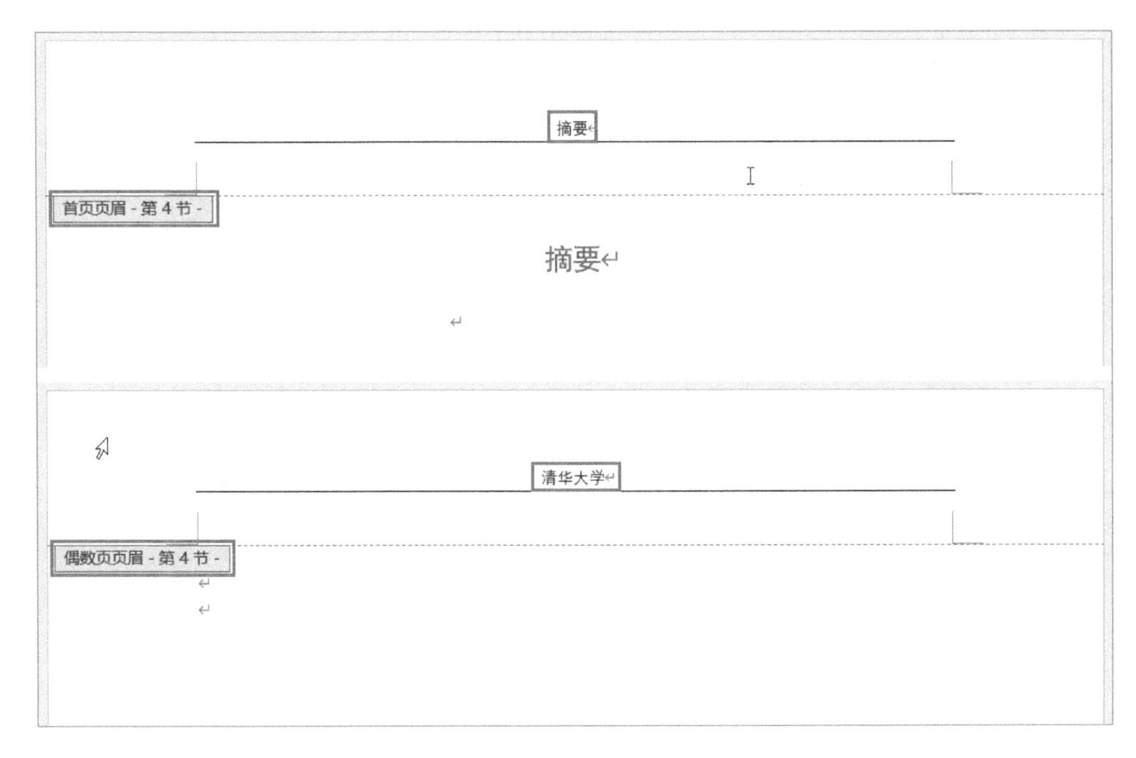

图2.17　页眉设置结果

2.4.4　取消页眉横线

由于封面等部分不需要页眉和页脚，然而有时候其页眉部分却会多出一条横线，如图 2.18 所示。如果出现这种情况，可以双击页眉，然后选中图 2.18 所示矩形框内的段落标记，单击【开始】菜单，在【样式】组中单击启动器，打开【样式】窗格，单击【全部清除】选项来清除其页眉格式，即可取消显示该横线。

图2.18　清除页眉横线

2.4.5 学位论文页码设置（一）

页眉设置完毕后开始设置页码，本小节介绍摘要至目录部分的页码用大写罗马数字“Ⅰ,Ⅱ,Ⅲ,…”表示，正文及正文以后部分页码用阿拉伯数字“1,2,3,…”表示，且页码在页面外侧的设置方法。

同样，根据表 2.4 所示设置分节符位置，奇偶页各有两处需要设置页脚，一共需要设置四处，因为设置方法皆相同，所以只以摘要部分奇数页页码的设置为例进行讲解。

双击第 4 节摘要部分首个奇数页页脚处，设置页脚为右对齐，然后按照图 2.13 所示的步骤打开【域】对话框，将域【类别】设为【编号】，将【域名】设为【Page】，将【格式】设为【Ⅰ,Ⅱ,Ⅲ,…】，如图 2.19 所示。

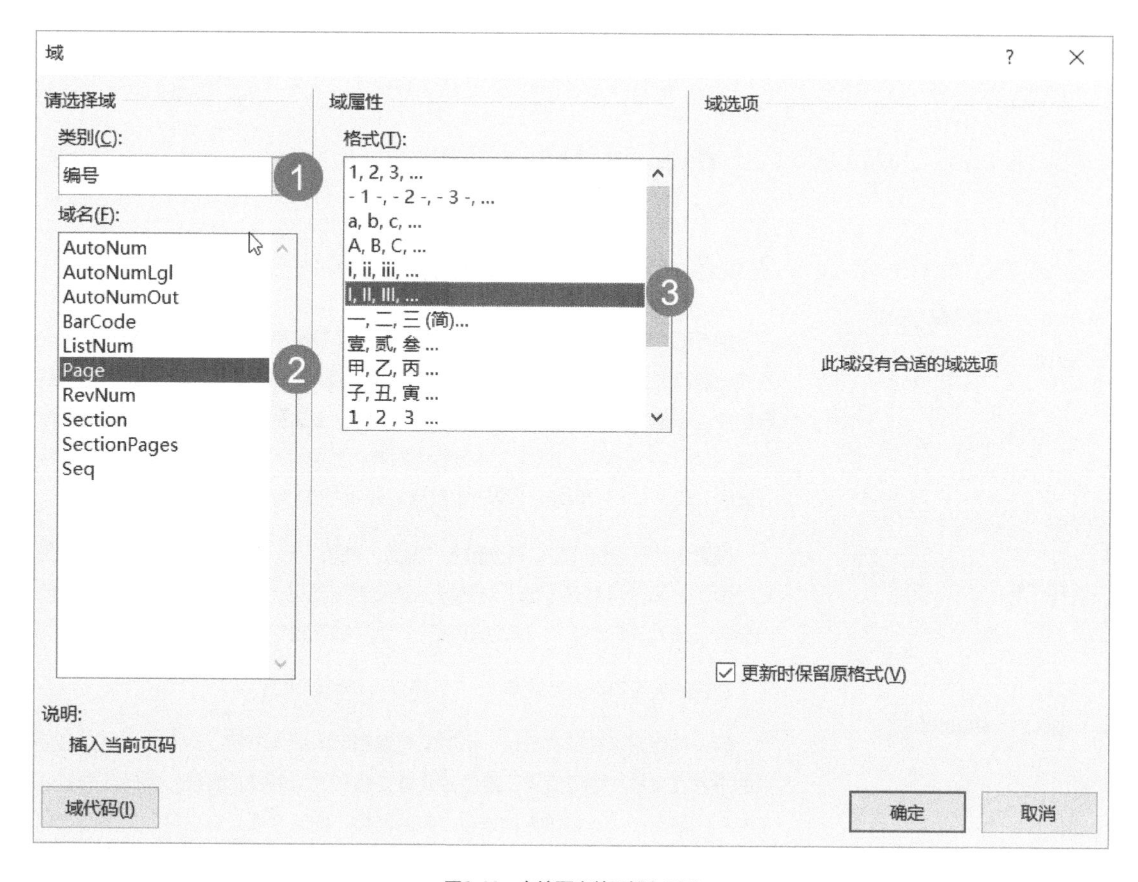

图2.19 在摘要奇数页插入页码

此时会在页脚右侧插入一个页码，这个页码可能不是从“Ⅰ”开始的，因此还需要设置其页码格式，按照图 2.20 所示的步骤单击【页眉和页脚】-【页码】-【设置页码格式】选项，打开图 2.21 所示的【页码格式】对话框，在【页码编号】选区里选中【起始页码】单选项，并输入“1”，然后单击【确定】按钮关闭对话框，摘要部分奇数页页脚便设置完毕。重复以上步骤，分别设置摘要部分偶数页页脚和正文及正文以后的奇偶页页脚，即可完成整篇文档页脚的设置工作。

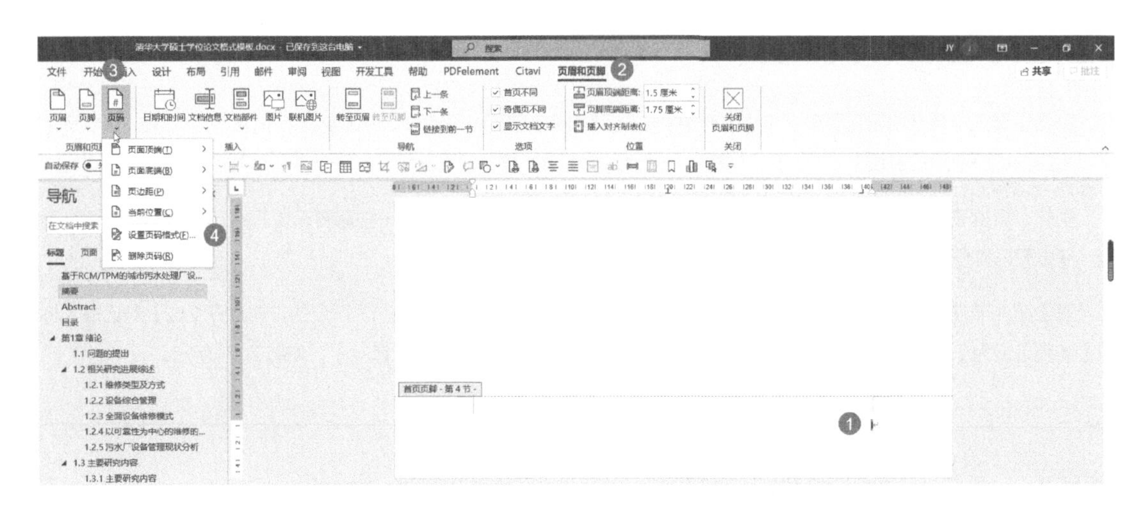

图2.20 打开【页码格式】对话框

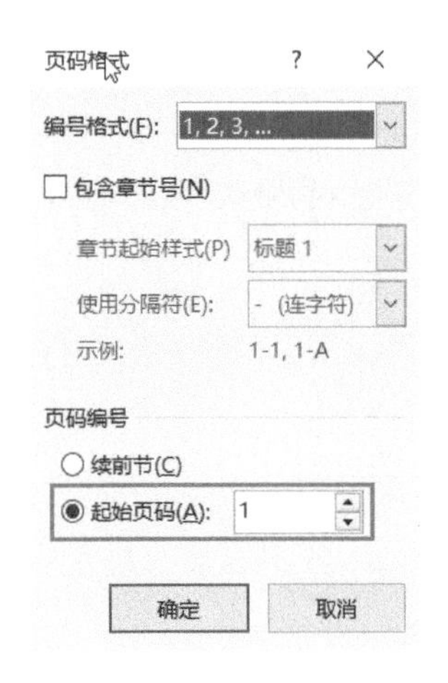

图2.21 设置页码格式

2.4.6 学位论文页码设置（二）

学位论文的页码设置还有一种常见格式，即“第 X 页共 Y 页”的形式。这种形式一般摘要至目录部分页码仍然使用大写罗马数字“Ⅰ,Ⅱ,Ⅲ,…”表示，但是需要居中，设置方法与前面介绍的设置方法一致。正文及正文以后部分需要设置成“第 X 页　共 Y 页”的形式，并且居中对齐，其中“X”是指从正文第 1 页开始计算的页码，“Y”是指正文及正文以后部分的总页数。

设置这种页码格式时，首先输入“第页　共页”①，然后将光标定位到“第”和“页”之间，再打开【域】对话框（详细步骤参见图 2.13），按照图 2.19 所示步骤，插入“1,2,3,…”格式的页码，“X”即设置完毕。

现在的重点和难点是设置“Y”，下面介绍两种思路。

第一种思路是在论文最后一页的文档编辑区内插入书签。该方法的缺点是插入的书签在文档中看不见②，容易在编辑文档时删除书签，而且必须保证书签处于文档的最后一页，如果后期修改文档的时候，删除了插入有书签的页面或者在该页面之后新增其他页，将导致“Y”显示的总页数并不是正文及正文以后部分实际的总页数。该方法具体操作如下。

①因为设置了奇偶页不同，所以此处仍然需要分奇数页和偶数页操作两次，如果没有偶数页，可以在正文首个奇数页先插入一个【下一页】分页符拓展出偶数页。

②Word默认情况下不显示插入的书签，如果需要显示书签，可以单击【文件】-【选项】-【高级】选项，在【显示文档内容】栏中勾选【显示书签】复选框。

（1）将光标定位到论文的最后一页。为了确保书签被插入最后一页，最好在文档完全定稿后再插入。

（2）单击【插入】-【链接】-【书签】选项，如图 2.22 所示，打开【书签】对话框。

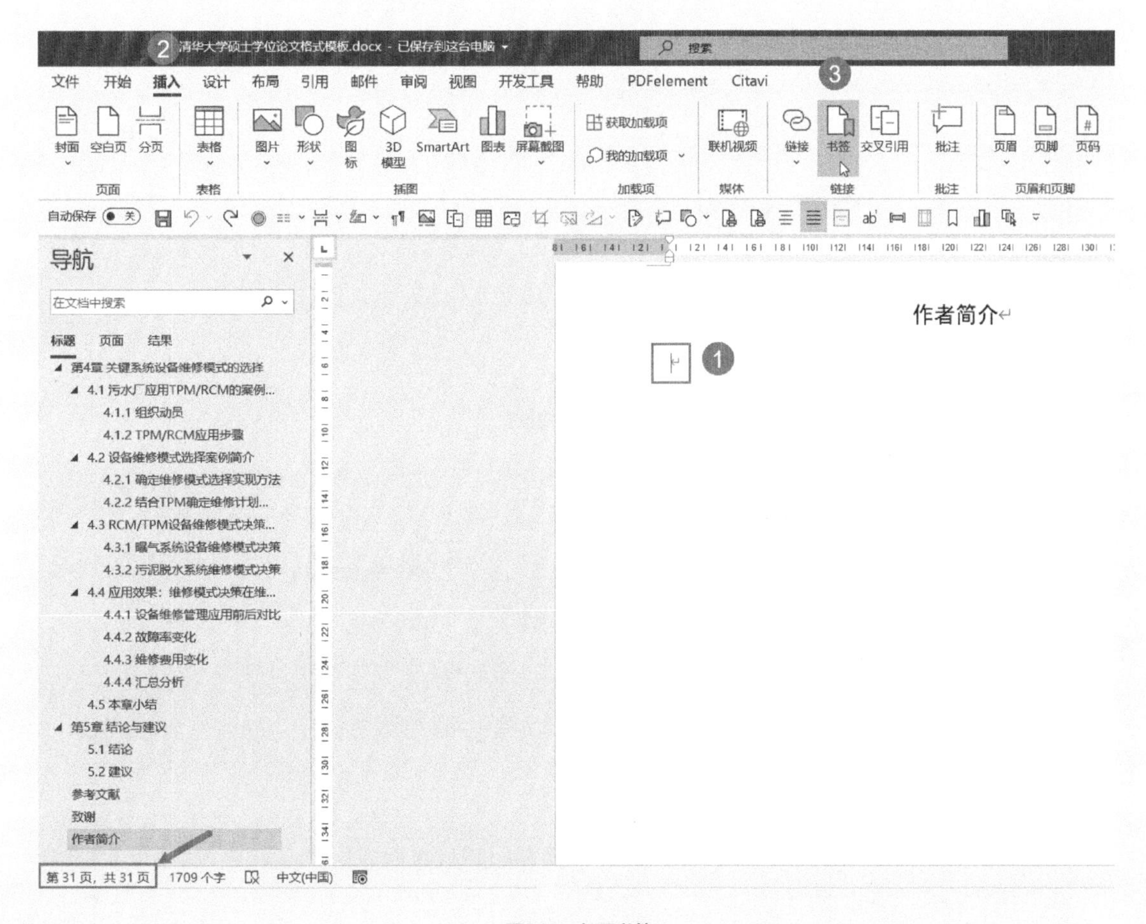

图2.22 打开书签

（3）输入书签名，然后单击【添加】按钮，如图 2.23 所示。

（4）将光标定位到正文首个奇数页页脚的“共”和“页”之间，然后打开【域】对话框，按照图 2.24 所示的步骤，将域【类别】设为【链接和引用】，将【域名】设为【PageRef】，然后选择插入的书签。

（5）在正文首个偶数页的页脚再重复操作一次步骤（4），正文及正文以后部分的页码便设置完毕。

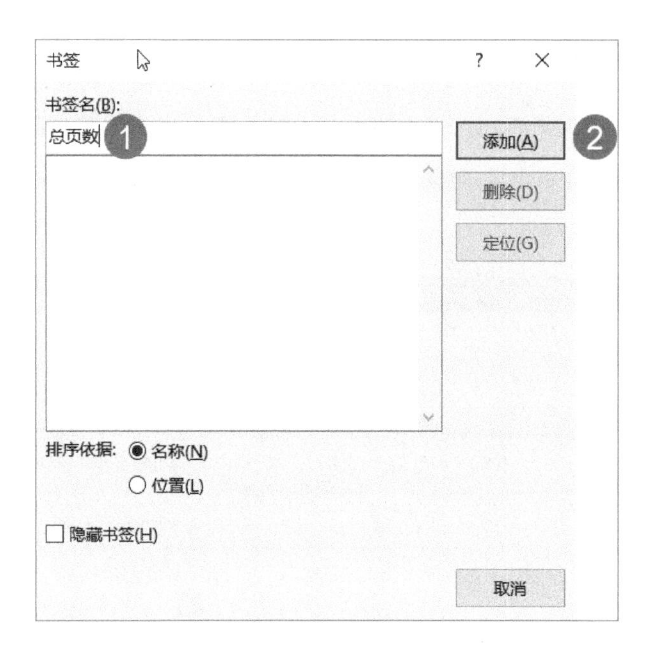

图2.23 添加标签

图2.24 插入书签域

第二种思路是用整个文档的总页数减去文档正文以前部分的页数，所得即为正文及正文以后部分的文档总页数。该方法的优点是正文及正文以后的总页码不受文档内容变动的影响①，但缺点是设置较为麻烦，需要编辑域代码，而且设置正文以前各节的域代码时，要求各节之间页脚需要取消链接，那么在设置摘要至目录部分的页码时，就需要多次重复操作，分别设置各节奇偶页的页码。

首先解释一下几个概念：【NumPages】是指整个文档的总页数；【SectionPages】是指当前节的总页数②；【mod(a，2)】是指 *a* 除以 2 取余，当 *a* 为偶数时，返回的结果是 0；当 *a* 为奇数时，返回的结果是 1。

在正文之前，文档包括中文封面、英文封面、授权使用说明书、中文摘要、英文摘要和目录六个部分，而且每一个部分都要求从奇数页开始编排。其中中文封面、英文封面和授权使用说明书一般只有一页，因此中文封面、英文封面和授权使用说明书这三节每节的实际总页数是固定的，都是两页。而中文摘要、英文摘要和目录的页数则不确定，既可能是奇数，也可能是偶数。以中文摘要为例，在前面讲解时可知中文摘要在第 4 节。设 *d*=SectionPages，中文摘要部分从奇数页开始编排，假如中文摘要的总页数是偶数，那么下一页将直接继续编排英文摘要，第 4 节的总页数便是 *d*；但如果中文摘要的总页数是奇数，那么从 Word 状态栏左下角的页数可以看到中文摘要最后一页是奇数页。为了确保英文摘要从奇数页开始编排，Word 会自动在英文摘要的第一页之前插入一页偶数页，那么第 4 节的实际总页数便是 *d*+1。

理解上面说的原理后，各节页数分布及域代码如表 2.5 所示。

表2.5 各节页数分布及其域代码

论文组成结构	节数	SectinPages	实际总页数		域代码
			奇数页	偶数页	
中文封面	第1节	*a*	*a*+1	-	{ set *a* {SectionPages}}
英文封面	第2节	*b*	*b*+1	-	{ set *b* {SectionPages}}
授权使用说明书	第3节	*c*	*c*+1	-	{ set *c* {SectionPages}}
中文摘要	第4节	*d*	*d*+1	*d*	{ set *d* {SectionPages}}
英文摘要	第5节	*e*	*e*+1	*e*	{ set *e* {SectionPages}}
目录	第6节	*f*	*f*+1	*f*	{ set *f* {SectionPages}}

表 2.5 中 {set *a* {SectionPages} 表示将 *a* 的值设为 SectionPages 返回的值，其他同理。

①文前的分节结构不能改变，不然域代码会出错，同样会影响到正文及正文以后总页数的计算。

②SectionPages返回的值不包括Word自动插入的页。如果下一节从奇数页开始，且本节最后一页在Word左下角显示的页数同样是奇数，Word会自动在下一节首页前插入一页偶数页，而这一页偶数页并不会计算在本节SectionPages内。若*a*=SectionPages，那么此时本节实际总页数为*a*+1页。

由表 2.5 不难发现，用文档的总页数（NumPages）减去正文前各部分的页数时，需要判断正文前各部分内容当前节的页数的奇偶性。如果当前节页数为奇数，文档总页数 NumPages 减去该节的页数应该为“x+1”页，即：NumPages-(x+1)，x 表示该节 SectionPages 返回的页数值。如果当前节页数为偶数，文档总页数 NumPages 减去该节的页数应该为 x，即 NumPages-(x+0)。也就是说当前节页数的奇偶性判断，反映在公式里即为是否应该多减 1，而 1 和 0 可以用 mod(x,2) 控制。

那么正文及正文以后部分的总页数的域代码为：

{={NumPages}-(*a*+mod(*a*,2))-(*b*+mod(*b*,2))-(*c*+mod(*c*,2))-(*d*+mod(*d*,2))-(*e*+mod(*e*,2))-(*f*+mod(*f*,2))}

域代码编写的总体逻辑思路清楚后，我们来关注具体操作。

因为要将表 2.5 中的域代码分别写入第 1 节至第 6 节各节第一页的页脚，为了避免后面各节设置的域代码和第一节相同，所以第 1 节至第 6 节各节的首个奇数页的链接关系需要单独设置，然后再设置页码和编写对应的域代码。设置逻辑如下。

（1）因为表 2.5 中的域代码需要写入各节的首个奇数页，为了避免后面各节奇数页页脚的域代码和前面节相同，需要将后面节奇数页页脚取消链接至前一节。从表 2.4 可知，中文摘要的首个奇数页和首个偶数页页脚已经取消链接至前一节。所以此时只需要分别取消链接的位置有第 2 节、第 3 节、第 5 节和第 6 节的首个奇数页页脚。

（2）因为中文封面、英文封面、授权使用说明书没有页码，所以只需要将各自对应的域代码写入各节首个奇数页页脚即可。

（3）中文摘要首个奇数页页脚不但需要插入页码，还需要编写域代码。首先插入【Page】域，页码格式采用大写罗马数字“Ⅰ,Ⅱ,Ⅲ,…”表示，居中对齐，页码序号从“Ⅰ”开始。然后在【Page】域右侧写入域代码 {set *d* {SectionPages}，输入时需要注意“{}”必须按【Ctrl+F9】组合键①输入。

（4）中文摘要（第 4 节）首个偶数页正常插入页码即可。因为页脚已经设置奇偶页不同，并且第 5 节、第 6 节首个偶数页并没有取消链接到前一条页脚，所以正常情况下第 5 节、第 6 节偶数页页码序号会接排第 4 节偶数页页码。

（5）因为第 5 节、第 6 节首个奇数页页脚都已取消链接至前一节，所以第 5 节、第 6 节首个奇数页页脚需要按照中文摘要首个奇数页页脚插入页码的方式插入页码，页码编号接排上一节奇数页页码，然后在页码右侧编写对应的域代码。

（6）最后分别在正文首个奇数页和偶数页的页脚“共”和“页”之间输入域代码“{={NumPages}-(*a*+mod(*a*,2))-(*b*+mod(*b*,2))-(*c*+mod(*c*,2))-(*d*+mod(*d*,2))-(*e*+mod(*e*,2))-(*f*+mod(*f*,2))}”，最后按【Alt+F9】组合键将域代码切换成具体的页码数字即可。

---

①【Ctrl+F9】组合键是指同时按住Ctrl键和F9键，笔记本电脑还需要按住Fn键，而不是同时按住Ctrl键、“+”键和F9键，该表达方法在全书同理。

最后效果如图 2.25 所示。图中显示页面为正文第一个奇数页，也是正文第一页。设置的页码显示为“第 1 页共 15 页”，说明正文及正文以后部分内容一共有 15 页，Word 左下角显示文档总共有 27 页，那么说明该页之前应该有 12 页，该页在整个文档中应该属于第 13 页。从 Word 左下角可见，当前页显示确实也是整个文档的第 13 页。

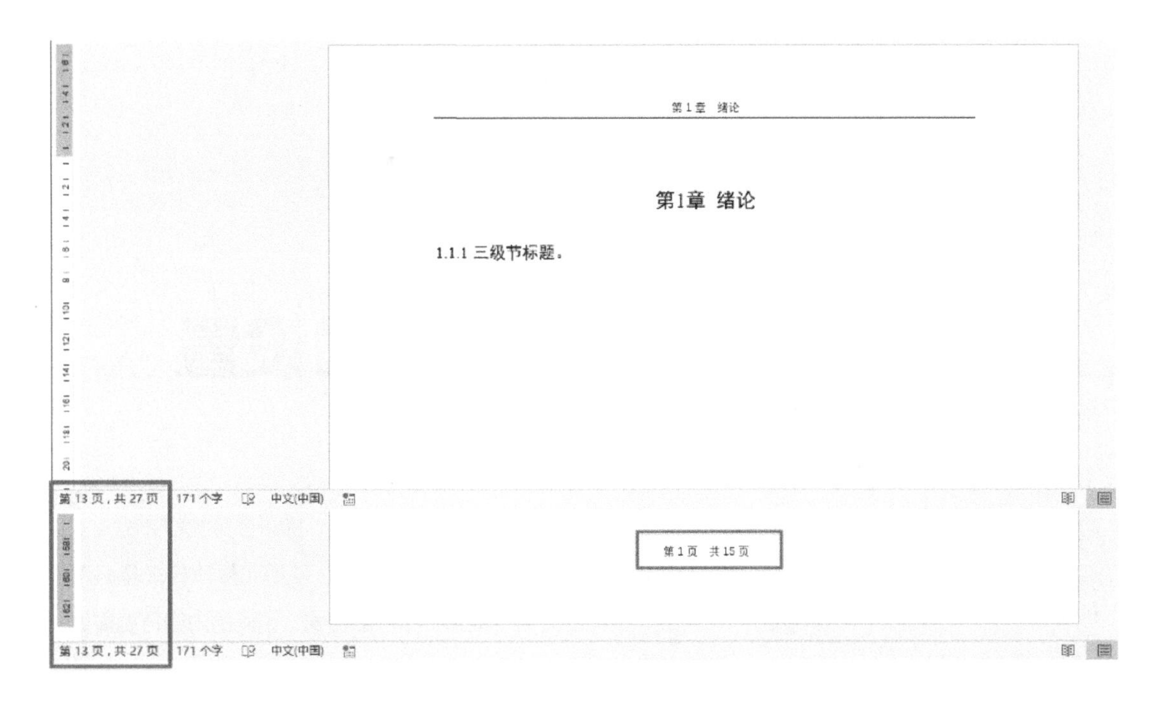

图2.25 “第X页 共Y页”设置效果

03

Chapter

第 3 章　样式设置

字体的字形、字号，段落的行间距、缩进值等被称为格式。在用 Word 编排论文的过程中，设置、使用和修改格式是必不可少的，不同的内容可能需要不同的格式，相同的内容可能需要使用相同的格式，因此会产生批量设置和修改格式的需求。而各种格式的集合叫作样式，所以对相同的内容应用同一个样式即可快速统一这些内容的格式。我们将不同的样式集合在一起称为样式集，本章所介绍的样式设置，事实上就是设置一套符合论文编排要求的样式集。如果加上前文所说的页边距、页眉、页脚等设置，并保存为 .dotx 格式或者 .dotm 格式的文档就可以制作成模板。当下次编写其他文档时，只要使用同一个模板，生成的文档的格式依然相同，而无须重新设置样式、页面等内容。因此，样式设置是用 Word 编排论文最核心的步骤，直接关系到 Word 自动化排版论文的效果和效率。

本章主要讲解样式的设置方式、设置技巧，重点介绍论文排版常用的三线表样式、多级列表以及样式的传递等内容。通过阅读本章内容，可以掌握如何利用样式快速统一文章的格式，实现标题自动编号及制作 Word 模板。

3.1 样式类型

字体、字号、行间距等称为格式，格式的集合称为样式，样式的集合即为样式集，样式集加上页面设置即可制作成模板，使用样式对于提高 Word 编排效率具有至关重要的作用。

按照样式创建方式的不同，在 Word 中样式的类型可以分为内置样式和自定义样式。所谓内置样式是指 Word 中默认提供的各种样式，如标题 1、标题 2、标题 3 等，而自定义样式是指用户自己新建的样式。各位读者用 Word 编排论文时，可以使用 Word 内置的样式，也可以自己新建样式。不过，推荐各位读者尽量通过修改内置样式来设置需要的格式，因为这样可以保持样式的清爽、简洁，还因为 Word 的许多自动化排版依赖这些内置样式来实现。如目录的生成与自动更新①就是基于【目录 1】、【目录 2】等内置样式，论文中的交叉引用就是基于内置的【题注】样式。

样式又可以分为 5 种不同的类型，即段落、字符、链接段落和字符、表格、列表，如图 3.1 所示。在新建样式的时候，特别是新建表格样式和列表样式时，需要将样式改为对应的样式类型。

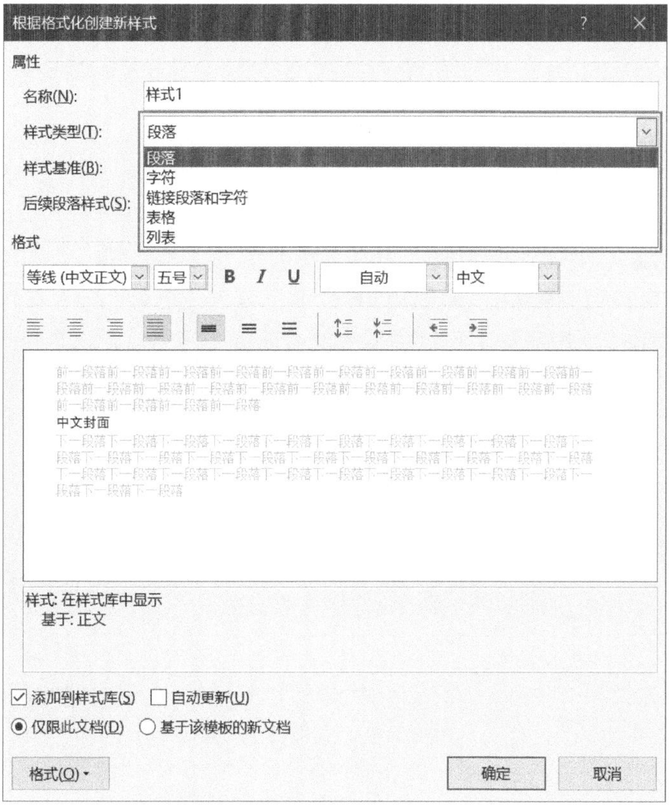

图3.1 样式类型

①自动更新并不代表主动更新，因此当内容发生变动后需要编辑者选中变更后的文档，单击鼠标右键，选择【更新域】选项，相关域才会显示变更后的内容。

【段落】样式可以用于控制所在段落的字体和段落两种格式，如不仅可以设置字体的字形、字号，还可以设置段落的缩进、段前、段后、行间距等，其作用范围为光标所在的整个段落。

【字符】样式只能用于控制所选字符的格式，如所选字符的字体、字形、字号、颜色等，但不能设置字符所在段落的段落格式。

【链接段落和字符】样式既可以当作段落样式使用，作用于光标所在的整个段落，当选中段落中的字符时，也可以当作字符样式使用。

【表格】样式用于设置表格的外观，通常论文的表格要求为三线表，而 Word 内置的表格样式里并没有三线表样式，因此常需要自定义三线表样式。不过新建的表格样式并不会显示在【样式】窗格里，而是在【表格样式】组中。插入表格后，会激活【表设计】选项卡，在【表格样式】组中即可看到新建的表格样式和 Word 内置的表格样式，图 3.2 中序号 3 所示为自定义的三线表样式。

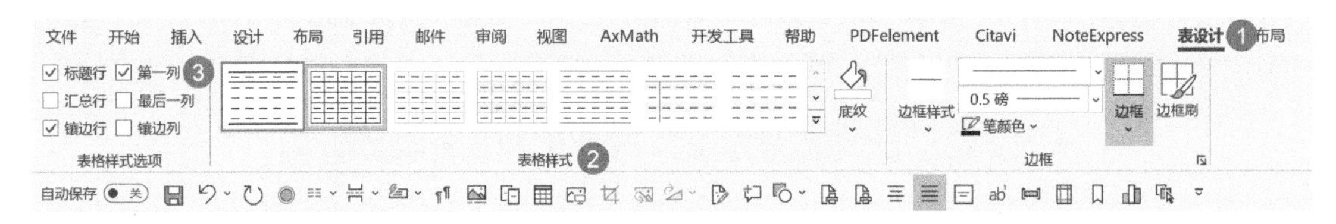

图3.2 【表格样式】组

【列表】样式用于设置项目符号、编号等内容，在论文编排中，常自定义一套列表样式用于多级列表编号，新建的列表样式同样也不在样式窗格中显示，而是在【多级列表】下拉列表框中显示，在【开始】选项卡下的【段落】组中可以打开【多级列表】下拉列表框，如图 3.3 所示。需要注意的是，在自定义多级列表样式时，常将多级列表与章标题、一级节标题、二级节标题等链接在一起，以实现标题的自动编号。后文将具体介绍创建多级列表样式并链接至各级标题的方法。

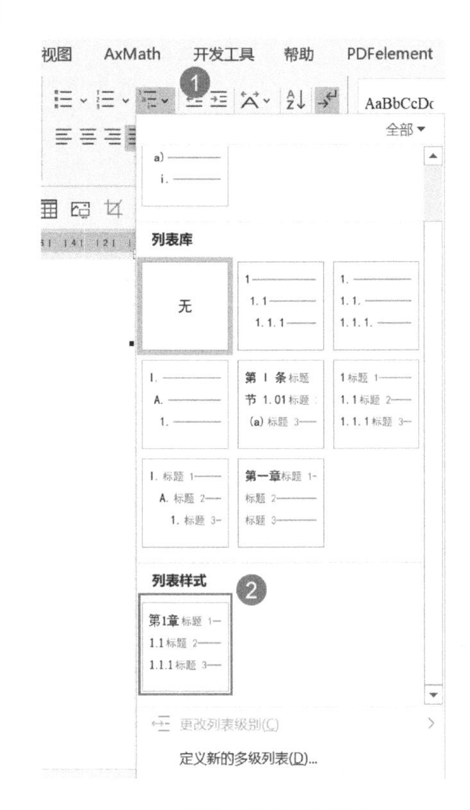

图3.3 【多级列表】下拉列表框

3.2 论文格式整理

在正式设置样式之前，推荐各位读者先将论文格式规范中的样式要求认真进行归纳整理，并用 Excel 进行记录。图 3.4 所示为笔者参考清华大学《研究生学位论文写作指南》要求整理的内容，图 3.4 中样式内容和样式名称加粗部分表示使用内置样式修改，未加粗部分表示新建样式，空单元格表示使用默认设置。整理后会发现，其实需要新建的样式并不多，更多时候还是利用内置样式修改。而且在开始动手设置样式时，有这张表作为参考，效率会高许多。

论文组成结构	样式内容	样式名称	字体				段落						快捷键
			中文字体	西文字体	字形	字号	对齐方式	大纲级别	缩进	段前	段后	行距	
中文封面	**题目**	**标题**	黑体			一号	居中对齐					1.25倍行距	
	院系、专业、导	**称呼**	仿宋	Times New Roman		三号	居中对齐						
	完成日期		宋体	Times New Roman		三号	居中对齐						
英文封面	题目	Title		Arial	加粗	20	居中对齐					1.25倍行距	
	院系、专业、导	**称呼**	仿宋	Times New Roman		三号	居中对齐						
	完成日期		宋体	Times New Roman		三号	居中对齐						
版权声明													
原创性声明和授权使用说													
中英文摘要	标题	摘要目录	黑体	Arial		三号	居中对齐			24磅	18磅	单倍行距	
	内容	**正文首行缩进**	同段落文字										
目录	标题	摘要目录	黑体	Arial		三号	居中对齐			24磅	18磅	单倍行距	
	目录1	**目录1**	黑体	Times New Roman		小四				6磅	0	固定值20磅	
	目录2	**目录2**	宋体	Times New Roman		小四			左缩进1字符	0	0	固定值20磅	
	目录3	**目录3**	宋体	Times New Roman		小四			左缩进2字符	0	0	固定值20磅	
正文	**章标题**	**标题1**	黑体	Arial		三号	居中对齐			24磅	18磅	单倍行距	Alt+1
	一级节标题	**标题2**	黑体	Times New Roman		四号	左对齐			24磅	6磅	固定值20磅	Alt+2
	二级节标题	**标题3**	黑体	Times New Roman		13	左对齐			12磅	6磅	固定值20磅	Alt+3
	三级节标题	**标题4**	黑体	Times New Roman		小四	左对齐			12磅	6磅	固定值20磅	Alt+4
	段落文字	**正文首行缩进**	宋体	Times New Roman		小四			首行缩进2字符	0	0	固定值20磅	Alt+Z
	多级编号	学位论文											
	图片题注	图片题注	宋体	Times New Roman	加粗	11	居中对齐			6磅	12磅	单倍行距	
	表格题注	表格题注	宋体	Times New Roman	加粗	11	居中对齐			12磅	6磅	单倍行距	
	表格内容（三线表	三线表	宋体	Times New Roman		11	居中对齐			3磅	3磅	单倍行距	
	图表附注	**正文首行缩进2**	宋体	Times New Roman		五号				6磅	12磅	单倍行距	
	脚注引用	**脚注引用**	默认设置										
	脚注文本	**脚注文本**	宋体	Times New Roman		小五			悬挂缩进1.5字符	0	0	单倍行距	
参考文献	**标题**	**副标题**	黑体	Times New Roman		三号	居中对齐			24磅	18磅	单倍行距	
	内容	参考文献	宋体	Times New Roman		五号			悬挂缩进2字符	3磅	0	固定值16磅	
致谢	**标题**	**副标题**	黑体	Times New Roman		三号	居中对齐			24磅	18磅	单倍行距	
	内容	**正文首行缩进**	同段落文字										
注：添加样式	**注释文本**	**注释标题**	宋体	Times New Roman	绿色	小四			首行缩进2字符	0	0	固定值20磅	Alt+%（按Alt+Shift+5）
	公式	公式题注	宋体	Times New Roman	加粗	11	居中对齐			6磅	12磅	单倍行距	

注：加粗为内置样式，未加粗为自定义新建样式。

图3.4 样式要求

通过整理归纳发现，中英文摘要标题、目录标题的样式和参考文献标题、致谢标题样式一致，但是由于要求目录及以前部分的内容不列入目录，而参考文献和致谢标题作为和章标题同一级的标题需要列入目录，所以中英文摘要标题、目录标题不能和参考文献标题、致谢标题使用同一个样式。笔者修改内置样式【副标题】作为参考文献和致谢的应用样式，由于中英文摘要、目录的样式和参考文献、致谢的样式一致，所以新建样式时可以基于【副标题】样式建立。另外，一般图题和表题的样式一样，因此可以直接修改内置样式【题注】的格式并用于图题和表题。但是清华大学《研究生学位论文写作指南》中要求图题段前空 6 磅，段后空 12 磅，而表题段前空 12 磅，段后空 6 磅，所以还需要自定义两个样式分别用于图题和表题。

不难看出，整理归纳论文格式规范，不但可以减少样式设置可能出现的错误，还能清楚地掌握修改、新建、应用样式的情况，因此非常值得花点功夫对格式规范进行整理和归纳。

根据论文格式规范整理完样式要求后，可以开始具体设置文档各部分的样式了。不过 Word 默认显示推荐的样式，因此还需要简单操作几步。

首先，打开【样式】窗格，打开方法如图 3.5 所示。单击【开始】选项卡，然后单击【样式】组的启动器，可以打开图 3.6 所示的【样式】窗格；最后单击【样式】窗格下方的【选项】，可以打开图 3.7 所示的【样式窗格选项】对话框，将【选择要显示的样式】由【推荐的样式】改为【所有样式】，单击【确定】按钮，关闭对话框。此时，Word 会将所有内置的样式显示在【样式】窗格中。

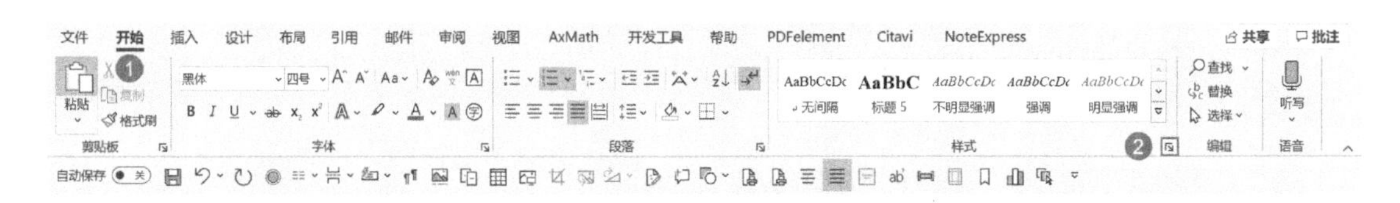

图3.5　打开【样式】窗格

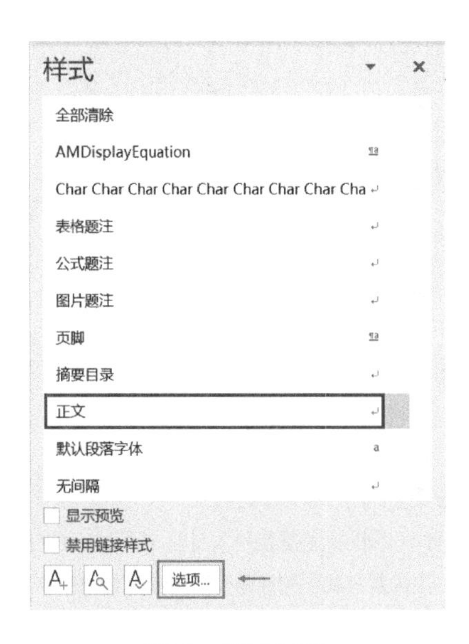

图3.6　【样式】窗格

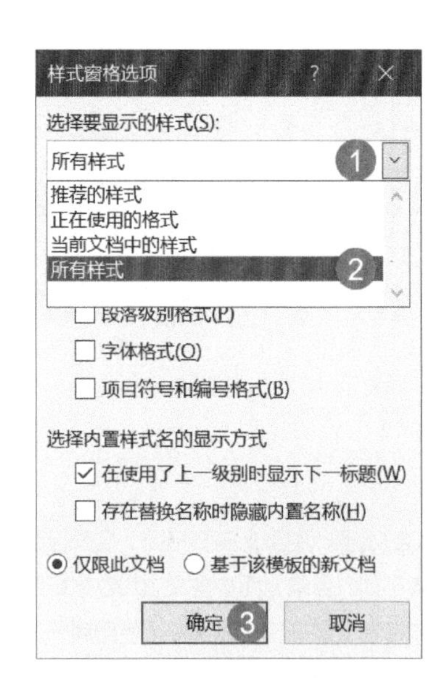

图3.7　【样式窗格选项】对话框

3.3 设置样式

样式是 Word 排版中十分重要的一个概念，学会使用样式才能实现许多自动化排版，使用 Word 排版的效率也会大大提高。但有的读者在使用样式时不太注意对样式的整理，一篇文章中可能存在自己自定义的样式、内置的样式、从其他地方复制过来的内容自带的样式，反而导致样式杂乱、样式使用时比较复杂。因此，在开始进行 Word 排版时，要从整体上对样式有整体的规划，尤其是长文档的排版，能尽量使用内置样式修改的尽量使用内置样式进行修改。这样既能简化样式列表中存在的样式，降低样式设置的难度，也能通过内置样式实现许多自动化排版。

3.3.1 修改内置样式和新建普通样式

根据前文论述可知，设置样式有两种思路，一是修改 Word 内置样式，二是新建样式。如果各位读者按照笔者的建议整理归纳出类似图 3.4 所示的表格，那么我们可以清楚地了解需要修改和新建哪些样式，然后只需要按照这张表耐心操作即可。

打开【样式】窗格后，修改 Word 内置样式，可以将鼠标指针置于需要修改的样式上，其右侧会出现一个下拉按钮，单击该下拉按钮，从下拉列表框中选择【修改】选项，如图 3.8 第 1、2 步所示，会打开图 3.9 所示的【修改样式】对话框，然后单击该对话框左下角的【格式】按钮，根据格式规范要求分别设置【字体】、【段落】格式，最后单击【确定】按钮即可。

新建样式时可以单击【样式】窗格左下角的【新建样式】按钮，如图 3.8 第 3 步所示，此时会打开图 3.10 所示的【根据格式创建新样式】对话框，除了根据需求设置样式属性外（见图 3.10 矩形框部分），其余操作方法跟修改内置样式一样。

需要注意的是，在修改内置样式和新建样式时，段落属性的大纲级别需要合理安排。例如，修改【副标题】样式作为“参考文献”“致谢”等标题的应用样式时，因为这些标题和章标题在同一级，章标题的大纲级别为 1 级大纲，【副标题】样式的大纲级别却是 2 级大纲，所以在修改样式时需要将【副标题】的大纲级别改为 1 级大纲。不过有的内置样式的大纲级别不能更改，如【标题 1】大纲级别为 1，【标题 2】大纲级别为 2，【标题 2】的大纲级别不能改为 1。

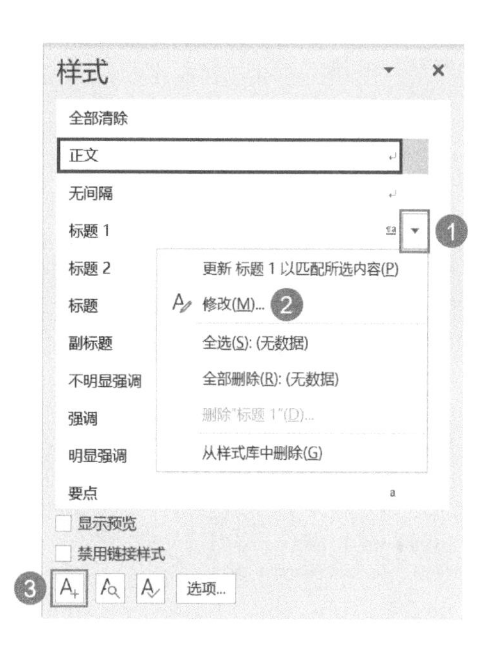

图3.8 修改和新建样式

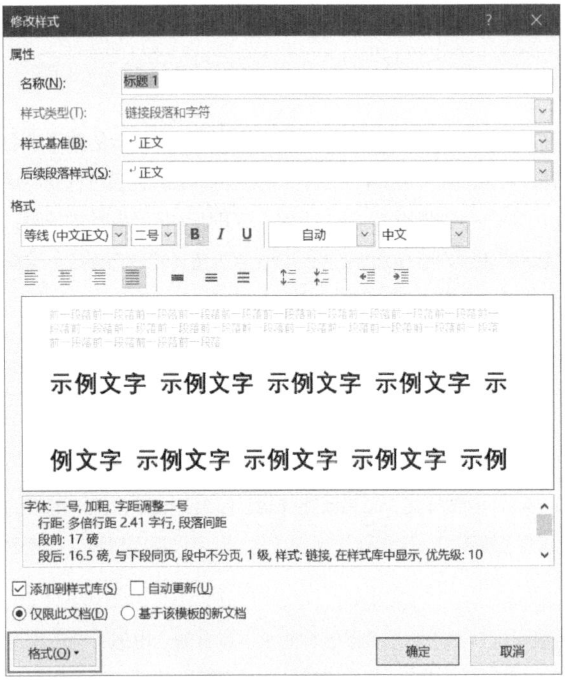

另外还需要注意一个问题，用 Word 添加脚注时，脚注的样式包括两个内容，即脚注文本和脚注引用。脚注文本通常被标注在添加脚注的当前页的页面下方，每一条脚注文本前会有一个编号，该编号的字体格式默认是“上标”形式，而实际使用中通常并不需要“上标”形式，因此需要取消其“上标”。取消方法如下：先选中该编号，然后单击【上标】按钮取消使用上标。脚注引用一般是标注在需要添加脚注的位置的右上角，因为添加位置的字号并不确定，所以在设置脚注引文的样式时不能为其指定字号大小。不然的话，当添加脚注的文本内容的字号大于脚注引文的字号时，可能出现脚注引文虽然显示是“上标”形式，而实际上却并未处于添加脚注的文本内容的右上角。比如，正文文本字号为小四，章标题字号为三号，如果设置脚注引文字号为小四，当在正文文本处添加脚注时，脚注引文虽然也是“上标”形式，显示的却是标注在右侧而非右上角。但当在章标题处添加脚注时，脚注引文显示的又是标注在右上角。因此，为了避免出现这种情况，在设置脚注引文时不为脚注引文指定具体的字号大小，脚注引文会根据当前标注位置的字号自动匹配字号，那么无论是标注在正文文本处还是标注在其他地方，脚注引文的标注位置都会显示在文本的右上角。

设置尾注样式的方法和脚注一样，可参考脚注进行设置。

图3.9 【修改样式】对话框

图3.10 根据格式设置创建新样式

3.3.2 新建三线表样式①

修改内置样式和新建普通字符、段落样式的具体方法比较简单，根据提示逐一设置即可，所以不再赘述，在此重点介绍三线表样式和多级列表样式的创建。Word 内置样式中没有三线表样式，然而论文大多又要求使用三线表。此外，各级标题需要按规定的样式编号，常规手动编号的方法复杂、低效、容易出错，特别是后期修改论文时，常常需要对文档的章节进行调整、增减，往往牵一发而动全身，若使用手动编号的方法，调整时会非常困难。因此，我们需要新建两个样式，即三线表样式和多级列表样式。笔者将前者命名为【三线表】，将后者命名为【期刊论文】/【学位论文】。

新建【三线表】样式时，需要先绘制三线表的顶线、底线和栏目线，然后再设置表格的格式。

绘制三线表顶线和底线的步骤如图 3.11 所示。

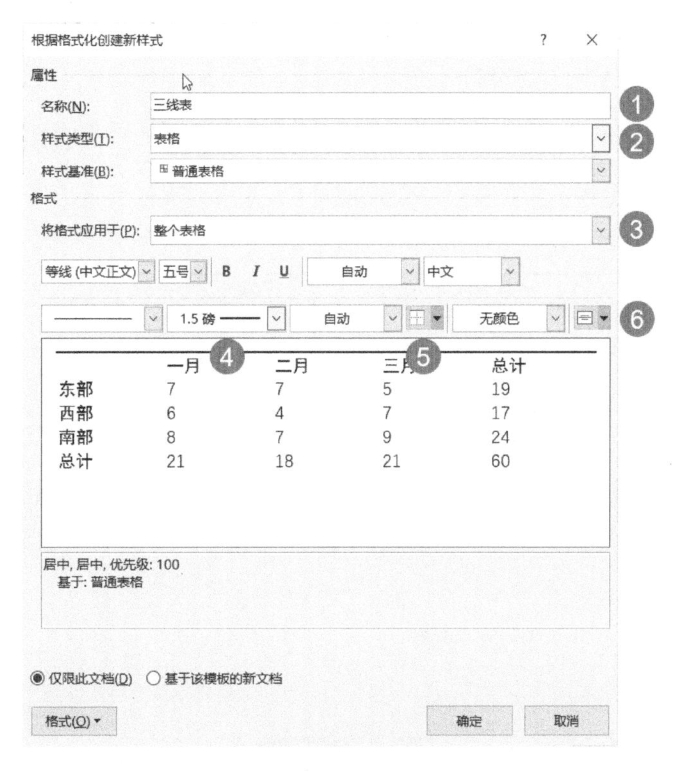

图3.11 绘制顶线和底线

（1）输入样式名称。

（2）将【样式类型】设为【表格】，此时【样式基准】默认是【普通表格】。

（3）将【将格式应用于】设为【整个表格】。

①三线表的组成详细内容见“5.1 图表组成”。

（4）设置线宽为 1.5 磅。

（5）添加表格边框（分别设为上边框和下边框），绘制三线表的顶线和底线。

（6）根据需要选择单元格对齐方式。

绘制三线表栏目线的步骤如图 3.12 所示。

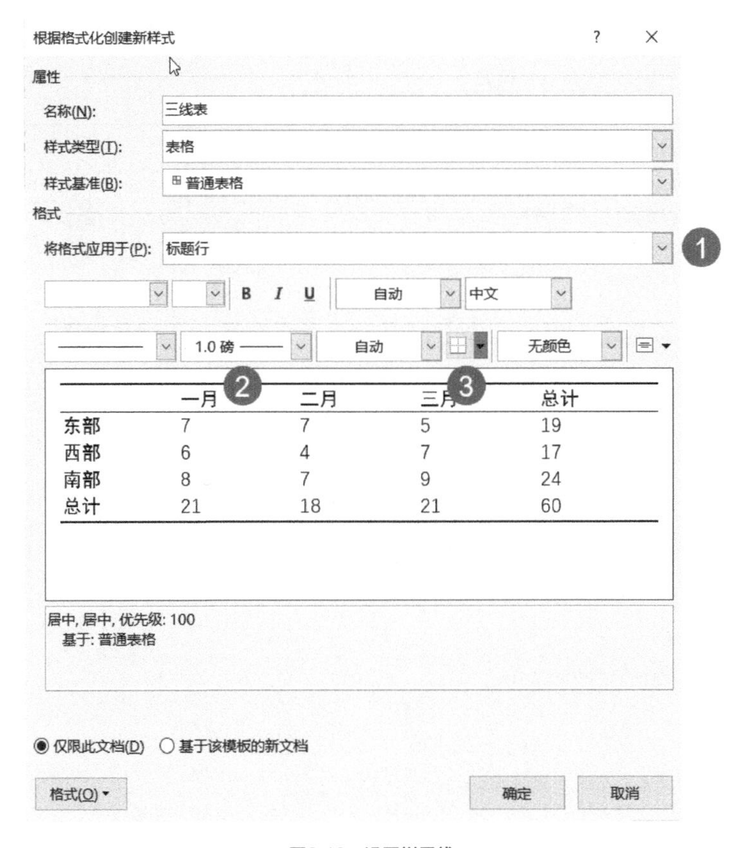

图3.12　设置栏目线

（1）将【将格式应用于】设为【标题行】。

（2）将线宽设为 1.0 磅。

（3）将表格边框设为下边框。

三线表顶线、底线和栏目线绘制完成后单击左下角的【格式】按钮，设置【表格属性】-【表格】-【对齐方式】为居中，按照论文格式规范要求设置【字体】和【段落】格式，论文常用的三线表的模板样式便创建完毕。

不过在撰写论文时，该三线表模板可能还不能满足我们的使用需求，如需要添加一些辅助线，特别是表头添加的辅助线中间可能还需要断开，如表 3.1 所示。

表3.1 左右侧方运动各肌电位及P值比较[5]

	左侧方运动		右侧方运动	
	左侧（L）	右侧（R）	左侧（L）	右侧（R）
TA	7.243 ± 10.260*	2.443 ± 1.187*	2.626 ± 2.351*	6.720 ± 8.599*
TP	21.153 ± 8.358**	8.270 ± 7.586**	6.786 ± 5.222**	20.760 ± 18.039**
MM	2.90w0 ± 0.981**	4.716 ± 3.270**	9.483 ± 9.905**	4.143 ± 1.849**
DA	12.223 ± 9.672	11.943 ± 10.605	9.353 ± 7.718	12.993 ± 10.455

绘制这样的三线表时，应用三线表样式后还需要进行简单的加工，方法如下。插入表格，激活【表设计】选项卡，在【表格样式】组单击刚设置的三线表样式，将插入的表格改为三线表。在【边框】组设置好线宽、线型等属性后利用【边框刷】可以绘制表格的边框线。

如果需要断开辅助线，按照图 3.13 所示步骤，将线宽设为 3~6 磅，【笔颜色】设为白色，然后用【边框刷】在需要断开的位置绘制一条白色边框线，即可得到表 3.1 所示效果。

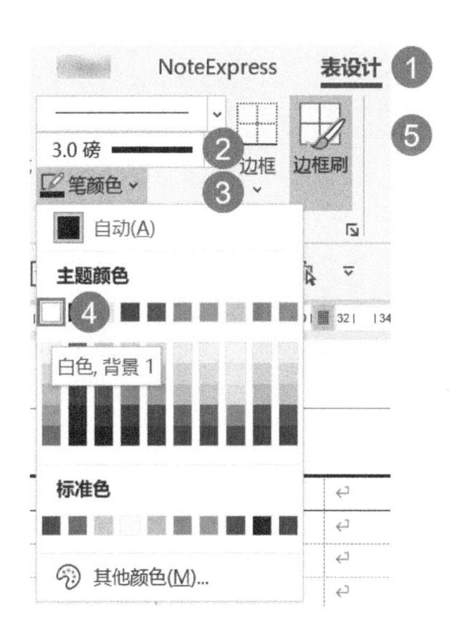

图3.13 三线表分隔辅助线

3.3.3 新建多级列表样式

创建多级列表样式时，按照图 3.14 所示的步骤，首先输入多级列表的样式名称，其次将【样式类型】设为【列表】，再次单击左下角的【格式】按钮，选择【编号】选项。

此时会打开【修改多级列表】对话框，按照图 3.15 所示的步骤，单击【更多】按钮（单击后此按钮会变为【更少】）展开矩形框所示内容，单击【设置所有级别】按钮，在打开的对话框中将【第一级的文字位置】和【每一级的附加缩进量】全部设为 0，取消多级列表编号的所有缩进。

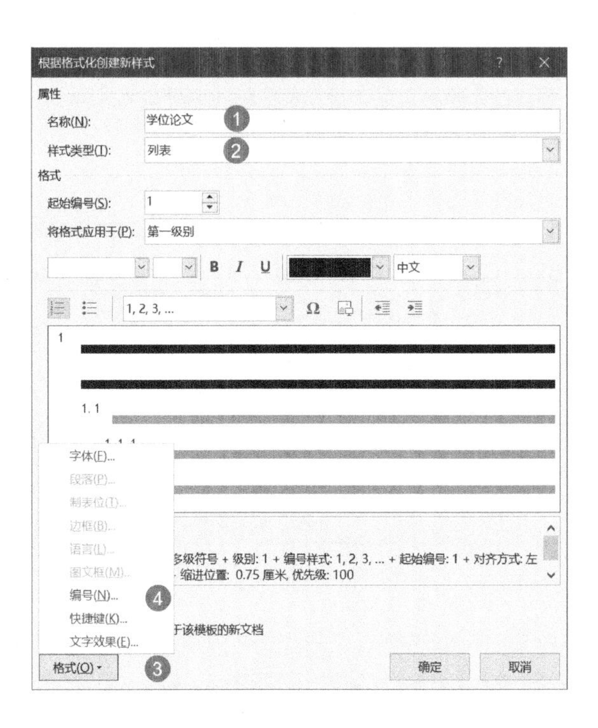

图3.14　打开【修改多级列表】对话框

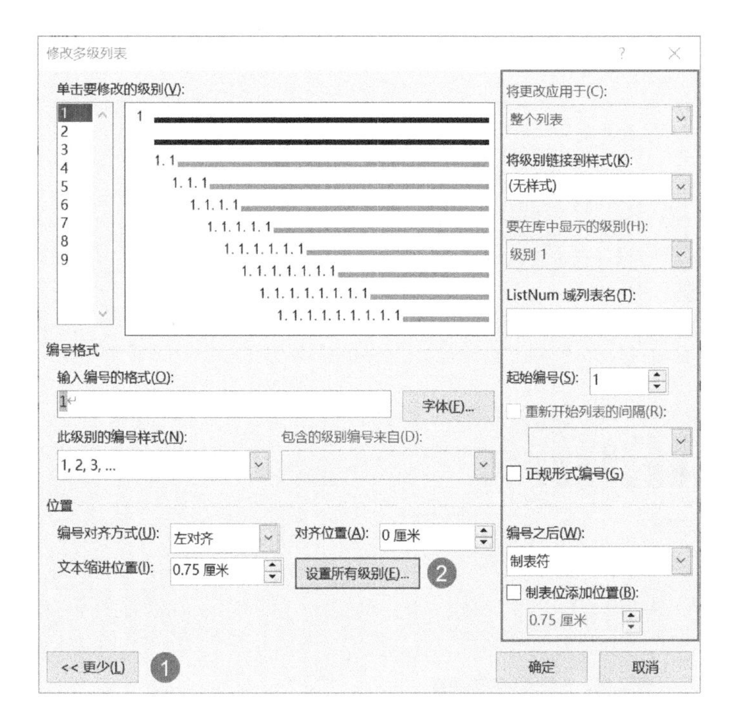

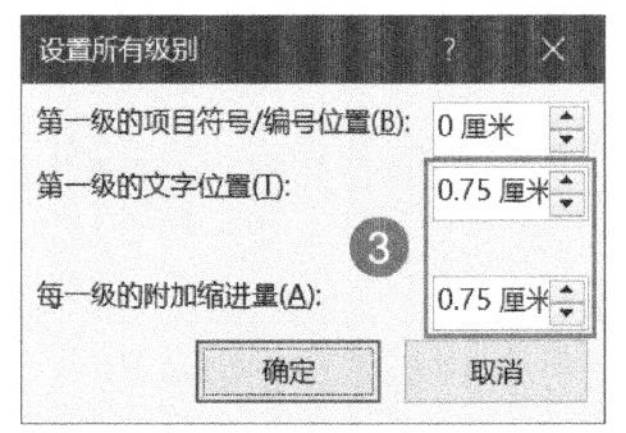

图3.15　取消多级列表编号的缩进

取消所有缩进值后，按照图 3.16 所示步骤进行设置。

（1）指定要修改的列表级别。

（2）将该级列表链接到相应的样式。一般 1 级列表和【标题 1】链接，作为章标题；2 级列表和【标题 2】链接，作为一级节标题；3 级列表和【标题 3】链接，作为二级节标题；4 级列表和【标题 4】链接，作为三级节标题。

（3）根据需要将【编号之后】设为【空格】、【制表符】或者【不特别标注】。

（4）单击【字体】按钮，按照各自链接的样式的字体格式进行设置。通常只需要设置字体，不必设置字形、字号，这样可确保编号的字形、字号能自动与对应的标题的字形、字号保持一致。

重复上述操作，各个级别的列表设置完毕后单击【确定】按钮，保存退出。

需要注意的是，图 3.16 第 4 步左侧【输入编号的格式】输入框中的数字，本质上是一个域，要想实现列表自动编号和更新，在设置多级列表编号时不能删除该数字然后再手动输入。例如，章标题编号格式为“第 X 章”，我们可以在输入框中该数字的前后分别输入“第”和“章”，但是不能删除该数字，然后再手动添加数字，不然所有章标题的编号都将是手动输入的该数字，不会自动编号。

修改多级列表 ? ×
单击要修改的级别(V):
1 2 3 4 5 6 7 8 9
1 标题 1
1.1 标题 2
1.1.1 标题 3
1. 1. 1. 1
1. 1. 1. 1. 1
1. 1. 1. 1. 1. 1
1. 1. 1. 1. 1. 1. 1
1. 1. 1. 1. 1. 1. 1. 1
1. 1. 1. 1. 1. 1. 1. 1. 1
将更改应用于(C):
整个列表
将级别链接到样式(K):
标题 1
要在库中显示的级别(H):
级别 1
ListNum 域列表名(T):
编号格式
输入编号的格式(O):
1
字体(F)...
起始编号(S): 1
重新开始列表的间隔(R):
此级别的编号样式(N):
1, 2, 3, ...
包含的级别编号来自(D):
正规形式编号(G)
位置
编号对齐方式(U): 左对齐
对齐位置(A): 0 厘米
编号之后(W):
制表符
文本缩进位置(I): 0 厘米
设置所有级别(E)...
制表位添加位置(B):
0 厘米
<< 更少(L)
确定
取消

图3.16　设置多级列表属性

在设置多级列表样式时，有时候会遇到一种特殊情况，即章标题编号要求使用中文，其他各级标题编号则使用阿拉伯数字。例如，章标题为“第一章”，一级节标题用“1”表示，二级节标题用“1.1”表示，三级节标题用“1.1.1”表示。将编号形式设为中文并不难，按常规方法在图 3.16 所示的对话框中将【此级别的编号样式】设为【一，二，三，…】样式即可。但是这会带来一个问题，当给文中图表、公式插入题注时，其编号格式将显示成“图一.1”“表二.3”的形式，这显然不符合图表和公式编号的格式要求。因此，在创建多级列表样式时，需要进行一些设置。

本书介绍一种较为简单易懂的变通方法，该方法的设置思路是插入题注时更改题注编号中章节的起始样式，用其他样式替代真正的章节起始样式。

首先，研究发现题注编号的章节起始样式是可以更改的，如图 3.17 所示。正常情况下【章节起始样式】应该为章标题所使用的样式，但是章标题使用的样式【标题 1】所链接的一级列表的编号格式为“一，二，三，…”形式，如果题注编号的章节起始样式仍然使用【标题 1】样式，最后生成的图题和表题就会呈现“图一.1”“表二.3”的样子。因此，题注编号的章节起始样式不能使用【标题 1】样式，可以考虑能否通过改变章节起始样式实现章标题编号保持为“第一章”“第二章”形式的同时，题注编号为“图 1.1”“表 1.1”的形式。需要注意的是，题注编号的【章节起始样式】只能是 Word 内置的【标题 1】至【标题 9】样式。

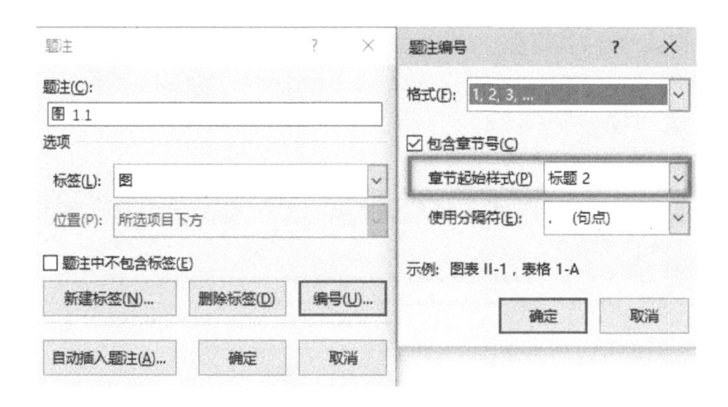

图3.17　更改题注编号的章节起始样式

然后，分析多级列表样式的编号格式规律，发现从前往后依次显示的编号级别分别是 1 级、2 级、3 级直至本级列表。如果需要设置三级列表，且 1 级列表的编号格式使用“一，二，三，…”形式，其他级列表的编号格式使用阿拉伯数字，那么图 3.18 所示【输入编号的格式】中的“一.1.1”，其“一”为 1 级列表，第一个“1”为 2 级列表，第二个“1”为 3 级列表。

图3.18　多级列表编号格式

以此类推，若该列表只有两级，其编号格式应该为“一.1”。其中“一”为1级列表，“1”为2级列表。如果将2级列表的编号样式设为【无】，其显示的编号格式会变成“一.”。删除句点“.”后，此两级的列表显示的编号实际上就是1级列表的编号，即“一”。勾选【正规形式编号】复选框，1级列表的“一”将变为“1”。因为1级列表链接到【标题1】，2级列表链接到【标题2】，所以此时【标题2】显示的列表编号其实和【标题1】显示的列表编号一样，但是显示的形式不是“一”，而是“1”。

前面分析时知道题注的【章节起始样式】是可以更改的，现在【标题2】显示的编号实际上和【标题1】的编号一样，因此题注的【章节起始样式】可以改为【标题2】，用【标题2】链接的2级列表的编号代替【标题1】链接的1级列表的编号实现最终的目的。

不过，因为【标题2】已用于代替【标题1】在题注中的编号，所以正文中的一级节标题不能再使用【标题2】，而应该跨过【标题2】，使用【标题3】作为一级节标题的样式。

此方法的具体操作如下。

（1）按照图3.16所示步骤设置多级列表，其中1级列表编号样式需设为【一,二,三,…】样式。

（2）选择2级列表，将列表编号样式设为【无】，删除编号格式中多余的句点，同时勾选【正规形式编号】复选框。

（3）分别选择3级及其以后各级列表，删除【输入编号的格式】中1级编号后的一个句点“.”，并勾选【正规形式编号】复选框。如一级节标题使用【标题3】样式，【标题3】样式链接的列表编号级别为3级，按照前面两步操作后此时其编号格式为“一..1”。删除“一”之后的一个句点“.”，并勾选【正规形式编号】复选框后，一级节标题的编号将变为“1.1”。

（4）给章标题应用【标题1】样式后，按【Enter】键另起一行并应用【标题2】样式，然后将光标定位到章标题末尾，插入一个样式分隔符①，应用【标题2】样式的空行会接排至上一行章标题之后。再次将光标定位至章标题所在行末尾，按【Enter】键另起一行后可以继续编排其他各级标题等内容。

此时因为用【标题2】链接的2级列表编号代替【标题1】链接的1级列表编号给题注编排序号，所以标题2将不再用于设置章节标题的样式。即章标题用标题1样式，一级节标题用标题3样式，二级节标题用标题4样式，三级节标题用标题5样式，依次类推。

至此，样式的设置方法已经介绍完毕。如果各位读者的学位论文的页眉、页脚还没有设置完毕，可以回到“2.4 页眉和页脚设置”继续学习并设置页眉和页脚。

---

①详细讲解见“3.4.3 分隔不同样式”。

3.3.4 创建模板

如果按照本书所讲的方法对页面和样式设置完毕后，要同时将新建的页面设置和样式设置保存下来，可以将该文档保存为自定义 Office 模板。利用自定义 Office 模板可以快速创建具有相同页面设置和样式的文档，而不必在撰写论文时重复进行页面和样式的设置，进一步提高了我们编排论文的效率。事实上，我们平时打开 Word 后单击图 3.19 所示的【空白文档】创建新的文档，也是基于一个叫作【Normal】的模板创建的。

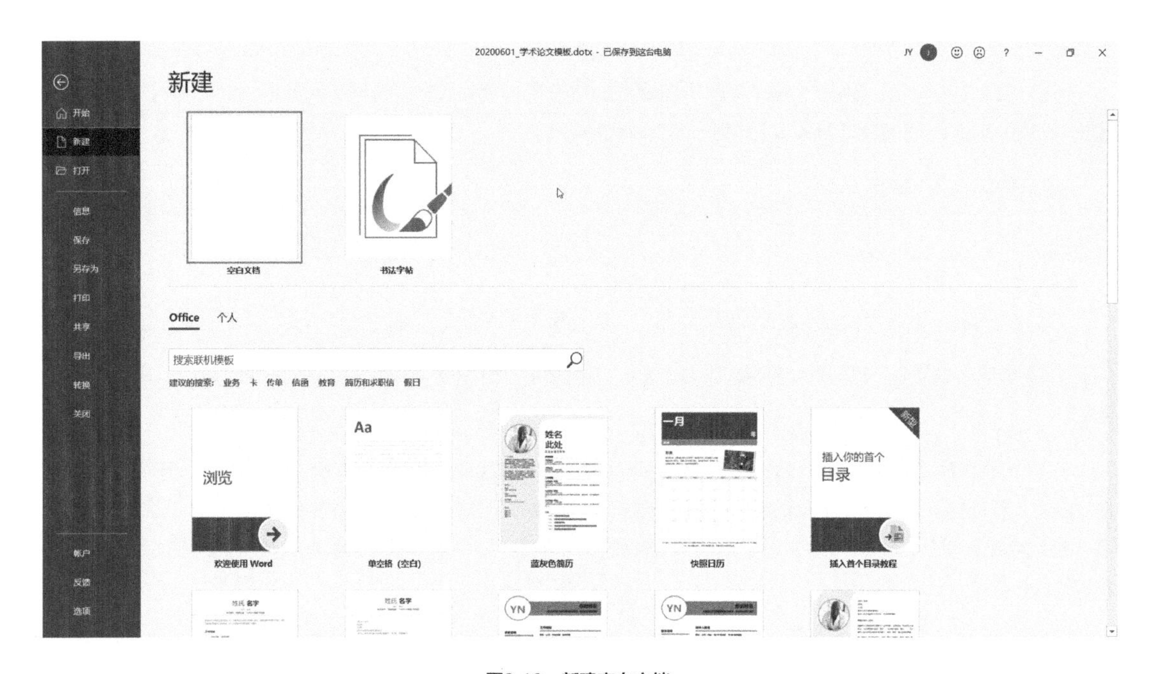

图3.19　新建空白文档

自定义的 Word 模板中保存了两方面的内容：一是页面设置，包括纸张大小、页面方向、页边距、页眉与页脚等的设置；二是样式，包括 Word 内置的样式和用户新建的样式[3]。自定义 Office 模板的保存地址是 C:\Users\WJY\Documents\自定义 Office 模板，其中 WJY 为用户名。

笔者的计算机安装的操作系统是 Windows 10，打开【自定义 Office 模板】文件夹时，实际操作是先打开资源管理器，然后按照【快速访问】-【文档】-【自定义 Office 模板】的顺序即可快速打开【自定义 Office 模板】文件夹，如图 3.20 所示。

随着自定义的 Office 模板的增多，还可以对这些模板文件进行分类存放以便于管理和查找。分类管理的方法是在【自定义 Office 模板】文件夹中按照分类创建不同的文件夹，如通知、请示、报告、函等，然后将自定义的模板文档按照不同的类别放入相应的文件夹中，当新建文档选择模板时，单击【个人】，即可看到自定义和分类管理的模板文档，如图 3.21 所示。

图3.20　快速打开自定义Office模板

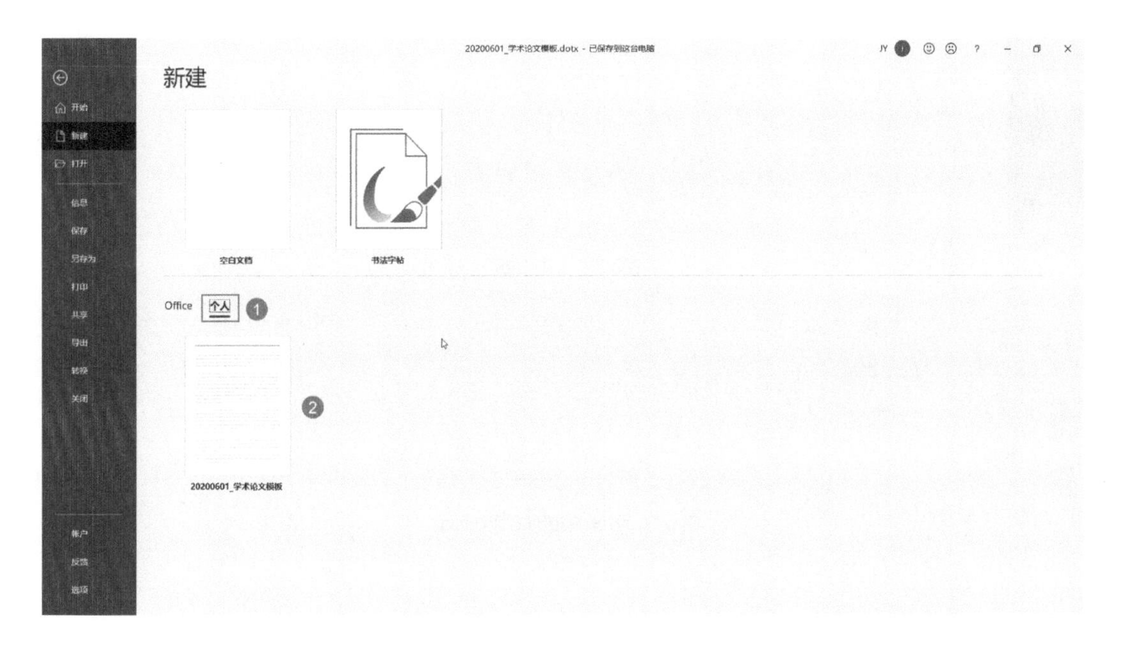

图3.21　基于自定义模板创建文档

创建 Word 模板的具体操作步骤如下。

（1）单击【文件】-【另存为】选项，选择一个保存路径。

（2）重命名模板名称后，将【保存类型】设为【Word 模板（*.dotx）】①，如图 3.22 所示。当【保存类型】设为模板格式后，Word 会自动将文档的保存路径设为默认的 Office 自定义模板的保存路径，如图 3.23 所示。

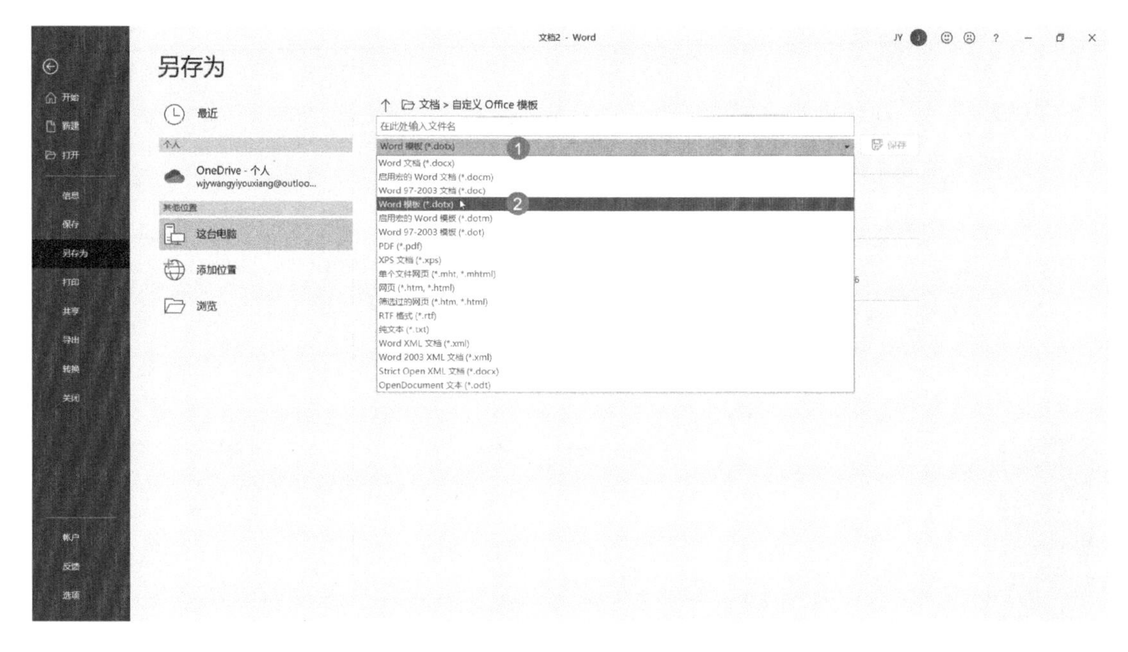

图3.22　保存模板

图3.23　Word模板保存默认地址

①Office 2016版本中Word的模板格式有3种，即Word模板（*.dotx）、启用宏的Word模板（*.dotm）、Word 97-2003模板（*.dot）。Word 97-2003模板（*.dot）是老式模板格式，如果文档中录制了宏，模板保存类型应该保存为启用宏的Word模板（*.dotm），如果没有录制宏建议保存为Word模板（*.dotx）。

有时候会出现一种情况，创建的文档可能并不是那么完美，需要进一步修改完善，或者需要根据新的要求需要对以前的模板进行修改。如果采用图 3.21 所示的方法打开需要修改的模板，或者在【自定义 Office 模板】文件夹中双击需要修改的 Word 模板，打开的新文档实际上是 .docx 格式的 Word 文档，而不是 .dotx 格式的模板文档，如图 3.24 所示。

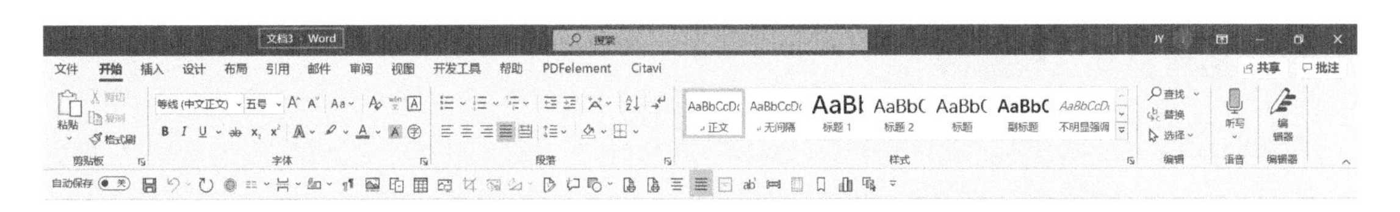

图3.24　Word格式文档

要打开真正的模板文档进行修改，需要在【自定义 Office 模板】文件夹中右键单击需要修改的模板文档，在打开的菜单中选择【打开】选项，如图 3.25 所示，这样打开的文档才是需要修改的模板文档，如图 3.26 所示。

图3.25　打开需要修改的模板文档

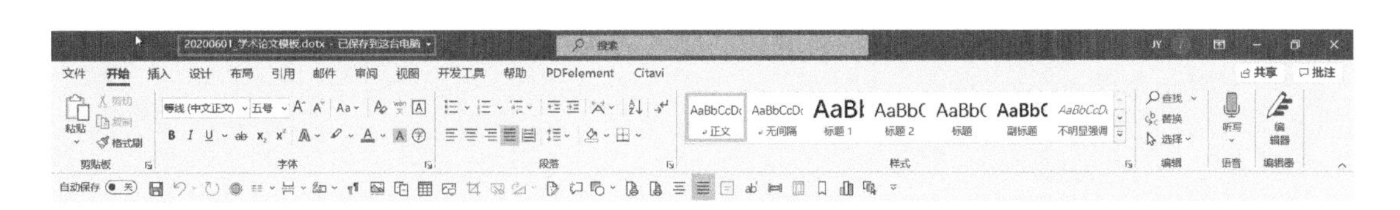

图3.26　模板格式文档

3.4 应用样式

事先给文档中使用过的样式设置快捷键，在排版时就可以一边撰写文档，一边通过快捷键对文档进行排版，如果前期样式的设置规划较好，往往一篇文档写完后排版也随之完成。

3.4.1 自定义样式快捷键

在设置样式的过程中，可以给常用的样式指定自定义的快捷键（如图 3.27 所示），如标题 1、标题 2、标题 3、正文首行缩进等样式是撰写论文的过程中较为常用的样式，因此笔者根据自己的使用习惯分别给它们自定义了【Alt+1】、【Alt+2】、【Alt+3】、【Alt+Z】组合键。这样，在撰写论文的过程中，可以一边撰写论文，一边指定论文的样式进行排版。当论文撰写完成后，排版也能同步完成。这种做法比撰写完论文后再单独排版要高效许多，特别是插入图片、表格的题注，并在正文中交叉引用，如果留到后期再排版，不但撰写不便，排版时也会十分吃力。而且边撰写论文边排版还有一个好处，因为在撰写论文的过程中我们应用了样式，所以【导航】窗格会列出对应的标题，宛如目录一样，如图 3.28 所示，单击相应的标题，可以快速跳转到论文中对应的部分。另外，在正文中插入交叉引用、目录等时，按住【Ctrl】键并单击，也能实现快速跳转，这在撰写、修改论文的过程中十分有用。

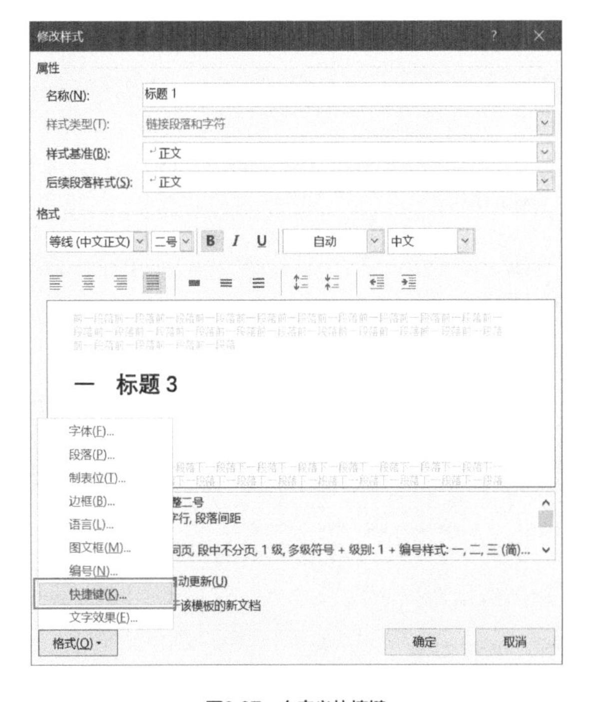

图3.27　自定义快捷键

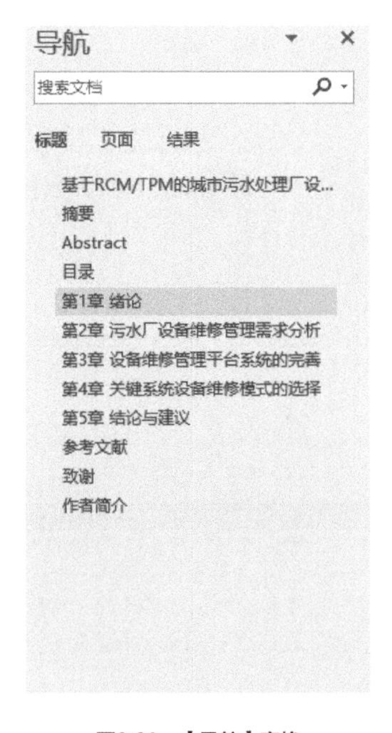

图3.28　【导航】窗格

3.4.2 调整字符宽度

此外，如“摘要”“目录”“致谢”等内容，通常情况下，其两字之间需要空两个字符，虽然按两次空格键也能实现，但是最好还是利用【开始】-【段落】-【中文版式】-【调整宽度】来实现，如图 3.29 所示。

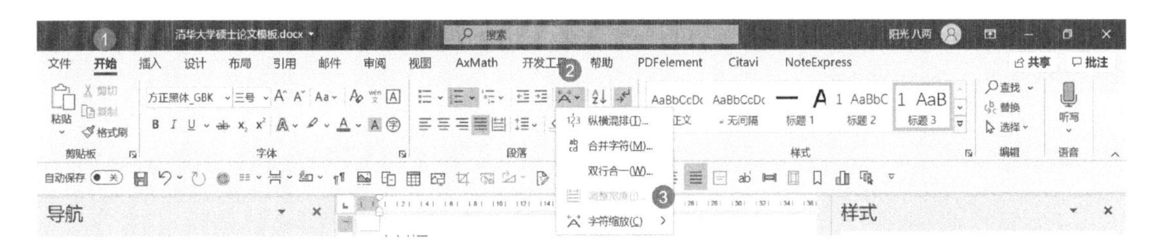

图3.29　调整字符宽度

3.4.3 分隔不同样式

在撰写论文的时候通常只需要用到章标题、一级节标题、二级节标题，而且无论是章标题、一级节标题还是二级节标题，都是独立成段的。然而，有时候也会不得不用到三级节标题，并且要求三级节标题后面紧接着编排正文内容。

此时会出现一个问题，标题使用三级节标题的样式后，如果不按【Enter】键另起一行，而是直接接排正文段落文本，此时正文段落文本的样式同样是三级节标题的样式。如果选中接排的正文段落文本并应用正文样式，似乎也能实现需要的效果，然而实际上 Word 依然认为该段落为三级节标题段落，标题文本为整个段落文本，如图 3.30 所示。

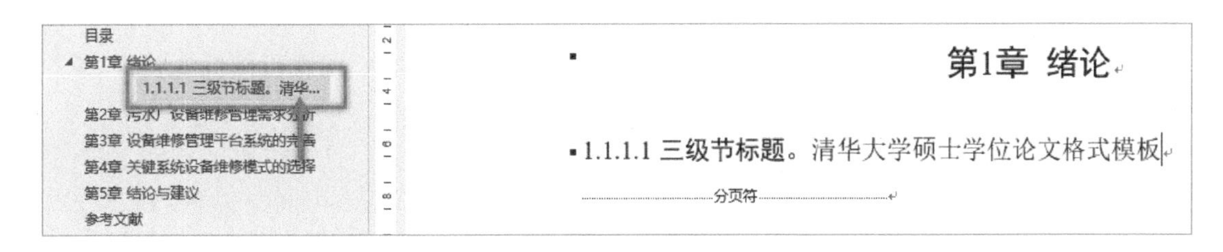

图3.30　未分隔开的样式

要想将两种不同的样式分隔开并能接排在一起，需要使用到【样式分隔符】。默认情况下【样式分隔符】不会显示在功能区中，各位读者可以自定义快速访问工具栏，将其添加到快速访问工具栏中，图 3.31 所示为笔者自定义的快速访问工具栏①，图中矩形框内符号即为【样式分隔符】。

图3.31　我的快速访问工具栏

①详细设置方法见“1.1 辅助工具的准备”。

【样式分隔符】的使用方法如下。

第一步，输入标题文本并应用样式。

第二步，按【Enter】键另起一行，输入正文段落文本并应用对应样式。

第三步，将光标定位到标题文本之后，单击【样式分隔符】（组合键为【Ctrl+Alt+Enter】），正文段落文本将接排在标题文本之后，如图 3.32 所示。

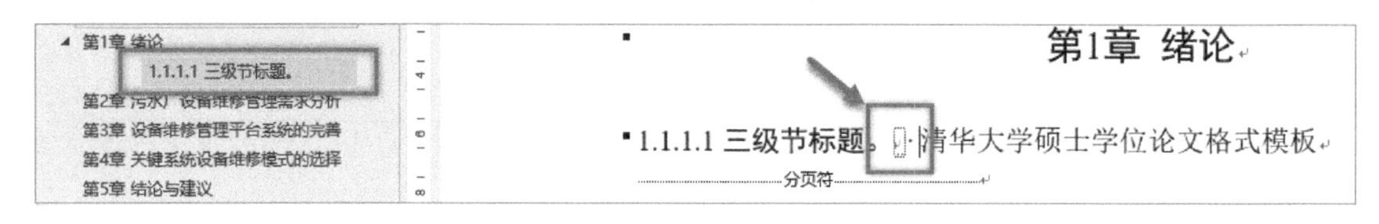

图3.32　插入样式分隔符

3.4.4 文档之间样式传递

创建模板之后，基于该模板新建的文档使用的页面设置和样式完全相同，然而有时候可能并不需要其页面设置和样式完全相同，而只需要其中部分样式即可。这种时候可以使用样式管理器实现不同文档之间样式的传递，而不需要重复创建这些样式。样式传递的方法如下。

假设已有“文档 A”，现在新建空白文档“文档 1”，需要将“文档 A”中的样式“参考文献（标题）”和“参考文献（内容）”传递至“文档 1”中。

（1）打开“文档 1”，单击【文件】-【选项】选项，打开【Word 选项】对话框。

（2）在【Word 选项】对话框中单击【加载项】选项卡，然后将对话框正下方的【管理】下拉列表框中的列表项设为【模板】，单击【转到】按钮，如图 3.33 所示。

（3）之后会打开【模板和加载项】对话框，单击该对话框左下角的【管理器】按钮，如图 3.34 所示。

（4）在打开的【管理器】对话框中，左侧是需要添加目标样式的文档，右侧是具有目标样式的文档，默认情况下右侧的文档是名为“Normal.dotm”的共用模板文档，如图 3.35 所示。单击右侧的【关闭文件】按钮，重新选择要加载的文件，该文件既可以是模板文档，也可以是普通 Word 文档，如此时加载“文档 A”。

（5）目标文档加载完毕后，可以在右侧看到目标文档中的样式，选中需要添加至新文档中的样式，单击【复制】选项，即可将右侧文档中的样式传递至左侧文档，如图 3.36 所示。

图3.33 打开【模板和加载项】对话框

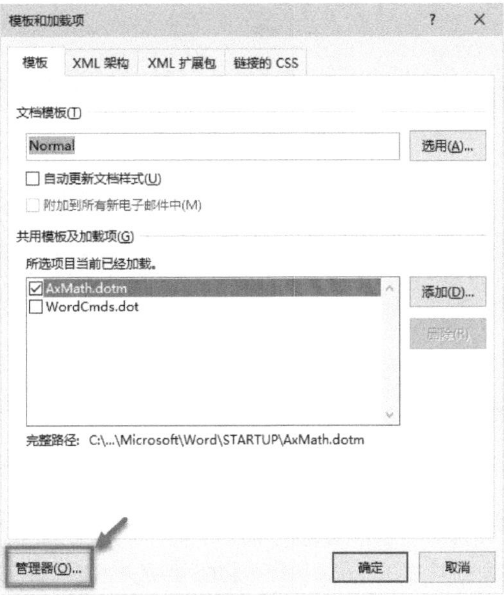

模板和加载项

模板　XML 架构　XML 扩展包　链接的 CSS

文档模板(T)

Normal　选用(A)...

自动更新文档样式(U)

附加到所有新电子邮件中(M)

共用模板及加载项(G)

所选项目当前已经加载。

AxMath.dotm　添加(D)...

WordCmds.dot　删除(R)

完整路径: C:\...\Microsoft\Word\STARTUP\AxMath.dotm

管理器(O)...　确定　取消

图3.34 模板和加载项

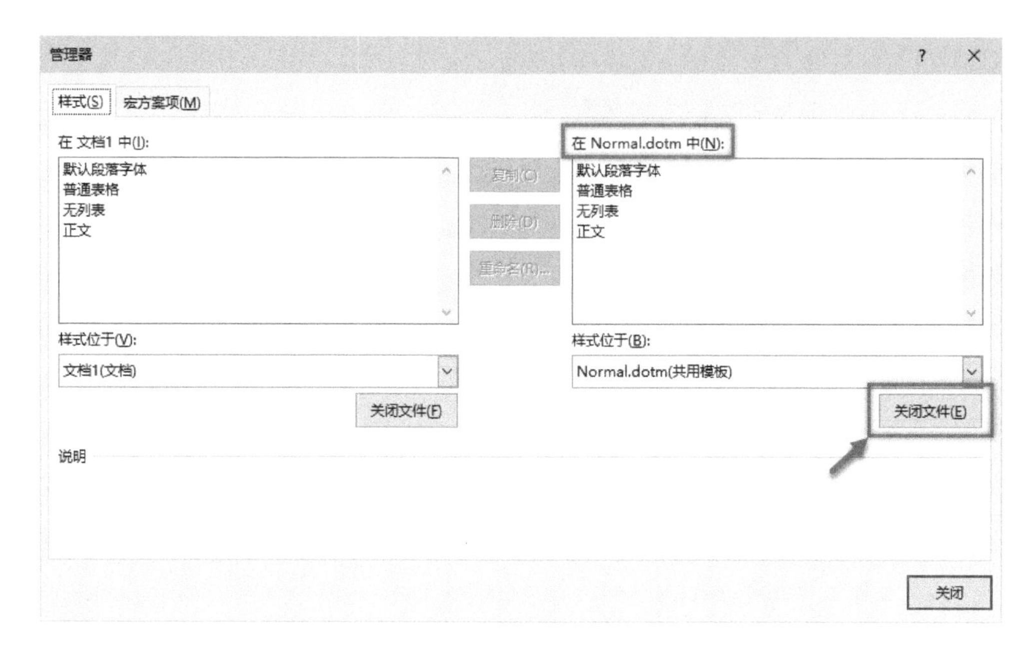

图3.35　重新加载目标文档

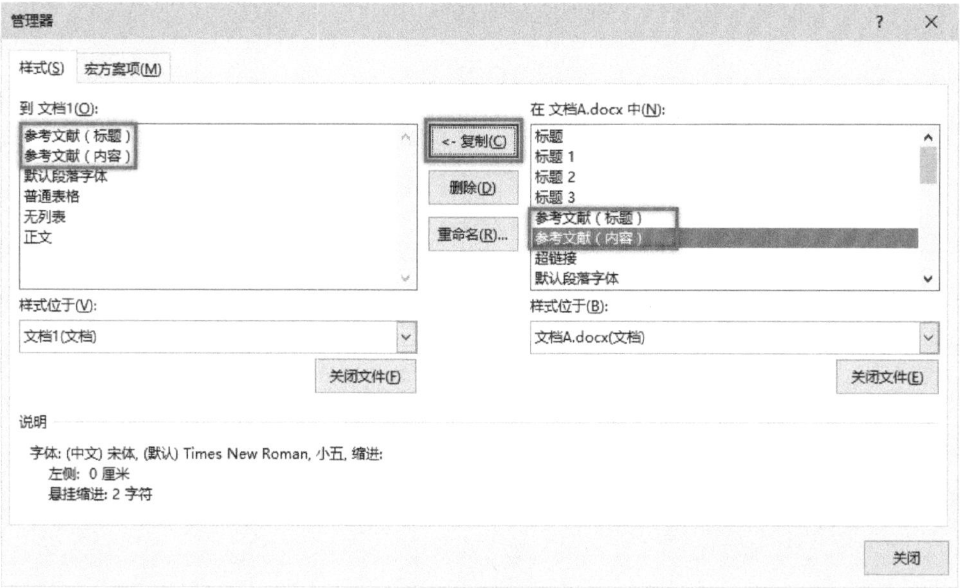

图3.36　传递样式

需要注意的是，刚才是用“文档 1”打开【样式管理器】的，但是并不意味着右侧样式只能传递至“文档 1”，【样式管理器】的左侧重新加载其他文档，样式即可传递至其他文档，而不只是传递至“文档 1”。

04

Chapter

第 4 章 封面制作及表格巧用

本章主要介绍学位论文封面的制作方法以及利用表格辅助排版的技巧。通过阅读本章内容，可以学习并掌握利用表格辅助排版的思路。

4.1 封面制作

通常情况下，学校会制作一个统一的学位论文封面模板并发送给学生使用，个别时候也可能需要学生自己制作。封面的制作其实并不难，主要是填写姓名、专业、导师等信息时需要掌握一些技巧。图 4.1 是清华大学《研究生学位论文写作指南》中展示的博士学位论文封面样式，因为英文封面与中文封面一一对应，所以可以制作好中文封面后，复制一份粘贴在中文封面之后，然后将中文替换成对应英文并应用指定样式即可得到对应的英文封面。

封面制作的内容主要包括三个部分：第一部分是论文题目，第二部分是落款，第三部分是论文完成日期。我们先输入论文题目并应用指定样式，然后制作封面落款，再填写论文完成日期并调整其格式，最后调整各部分之间的纵向距离。

整个过程中最重要的技巧就是填写姓名、专业、导师等落款信息时如何利用表格进行排版。从图 4.1 可以发现，“化学系”“化学”“陈忠周”“赵玉芬”“李艳梅”所在的行对齐方式是左对齐，两位指导教师职称也正好上下对齐，而且文字下没有横线。这种设置是较为简单的，各位读者应该都会排版。

N-磷酰化氨基酸成态及多肽 C 端
保护基的酶促脱除

（申请清华大学理学博士学位论文）

培养单位：化学系
学　　科：化学
研 究 生：陈 忠 周
指导教师：赵 玉 芬　教 授
副指导教师：李 艳 梅　教 授

二〇〇二年五月

图4.1　清华大学博士学位论文封面样式

许多时候，学校的要求可能是居中对齐，而且文字下有横线，如图 4.2 所示。以 3 个矩形框来说明图中不同部分的对齐关系，矩形框 1 内所有内容作为一个整体相对于整个页面需要左右居中对齐，矩形框 2 内横线左右两端需要上下对齐，矩形框 3 内填写的内容相对于矩形框 2 中的横线需要左右居中对齐。在排版的时候，常常会出现矩形框 1 部分并非严格的左右对齐，总是多多少少有些偏左或者偏右，矩形框 3 部分相对于矩形框 2 也同样可能偏左或者偏右等情况。另外，在矩形框 3 内填入相应的内容后，矩形框 2 中的横线可能出现长短不一的情况。

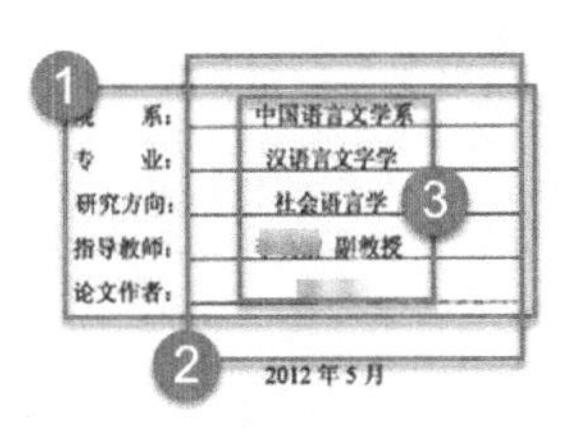

图4.2 封面落款

遇到这种情况时，有读者可能会采用插入文本框或者在个人信息下面绘制横线的方法解决，这虽然可行，但是仍然会存在一些小问题，而且排版过程比较麻烦，也不便于后期修改。此时如果能够巧用表格排版，效率将提高许多。以模仿《蚌埠市公共突发事件应急管理研究》的封面为例，具体方法如下。

（1）插入一个 *n* 列 *m* 行的表格。如果封面的落款有冒号，则插入 3 列，如果没有可只插入 2 列。在此插入一个 2 列 6 行的表格，设置整个表格对齐方式为居中对齐。

（2）选中表格并右键单击表格，选择【表格属性】选项，打开图 4.3 所示的【表格属性】对话框。按照图 4.3 中所示步骤单击【单元格】选项卡，取消勾选【指定宽度】复选框，单击【选项】按钮，打开图 4.4 所示的【单元格选项】对话框。按照图 4.4 中所示步骤取消勾选【与整张表格相同】复选框，并将单元格边距全部设置为 0。单击【确定】按钮，关闭所有对话框。

图4.3 【表格属性】对话框

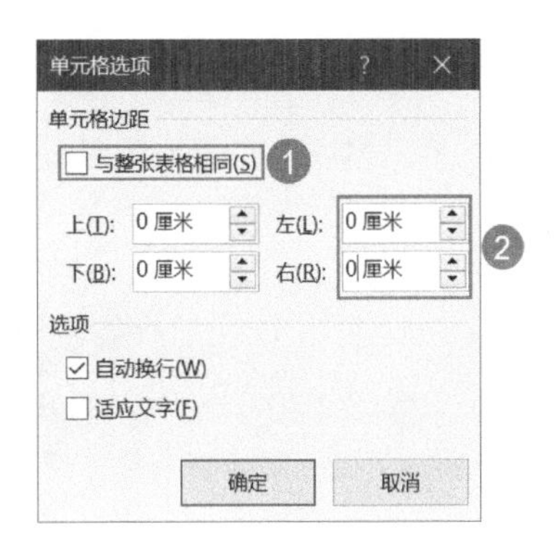

图4.4 【单元格选项】对话框

（3）将有关内容填入表格①，其中第一列填分类项名称，第二列填对应个人信息。若落款信息有冒号，则第二列填英文输入状态下的冒号，第三列再填写个人信息。填写完毕后对整个表格应用指定的样式②，然后第一列单元格设置为两端对齐，第二列单元格设置为居中对齐，之后分别设置各列单元格的列宽至恰当的宽度，可以得到图 4.5 所示的效果。

（4）按照图 4.6 所示的步骤，先选中整个表格，取消表格边框，然后将线条宽度设置为 1 磅，使用边框刷在个人信息栏文字下面重新绘制表格边框，即可得到符合我们需要的封面落款。如果文字与底线之间距离过大，可以通过修改指定样式的行间距和垂直对齐方式调整。

学　　　号	L16301098
姓　　　名	曹亚飞
专 业 学 位	公共管理硕士
专业学位领域	公共管理
指 导 教 师	丁先存　赵培仑
完 成 时 间	2019 年 8 月

图4.5　填入个人信息

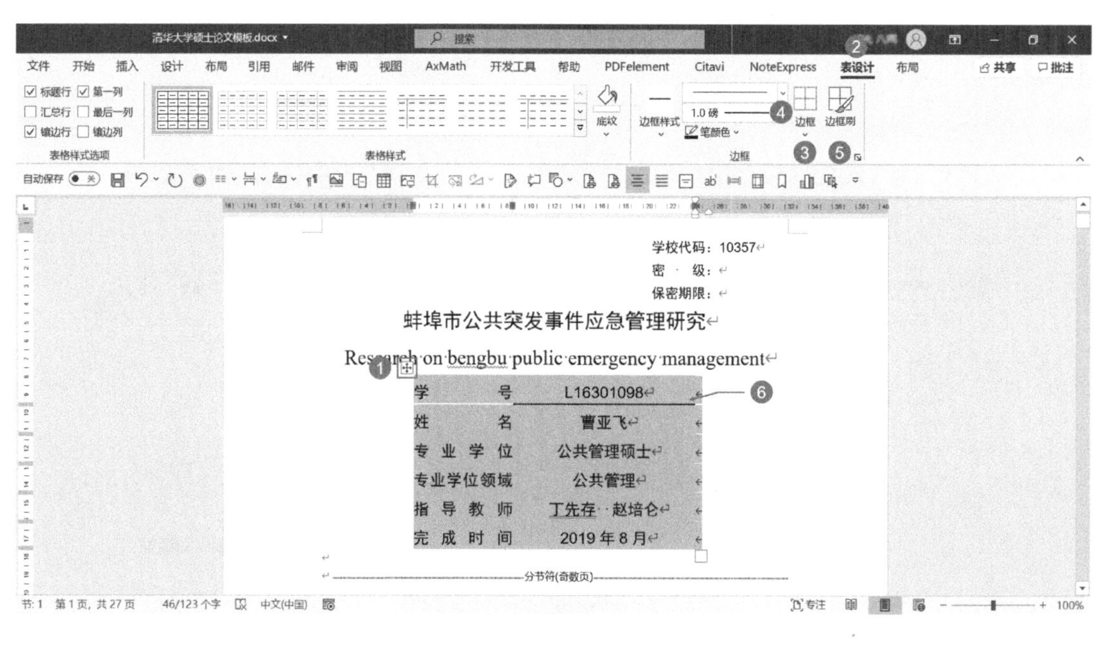

图4.6　绘制表格

①指导教师姓名与职称之间需要空1个汉字（符），图中使用的是两个半角空格隔开，也可以使用制表符隔开。
②笔者指定的样式是内置样式【称呼】。

（5）如果封面要求另起一行填写论文完成日期，且格式为“二〇二〇年六月”，封面落款制作完毕后，可按【Enter】键换行并使用搜狗拼音输入法的 v 模式①输入论文完成日期。

（6）修改标题指定样式、论文完成日期的段前段后间距②，最终可以得到图 4.7 所示的效果。

学校代码：10357
密　　级：
保密期限：

蚌埠市公共突发事件应急管理研究
Research on bengbu public emergency management

学　　　号	L16301098
姓　　　名	曹亚飞
专 业 学 位	公共管理硕士
专业学位领域	公共管理
指 导 教 师	丁先存　赵培仑
完 成 时 间	2019 年 8 月

图4.7　中文封面效果

①详细使用方法见“1.3 生僻字的输入”。
②笔者设置论文标题的段前为0行，段后为13行；论文完成日期的段前为10行，段后为0行。

4.2 表格巧用

“4.1 封面制作”中巧妙地利用了表格辅助编排封面的落款，事实上，在撰写论文的过程中还有许多巧用表格的方法，在此介绍几种方法供各位读者参考。

4.2.1 用表格并排图片

如果存在多幅分图需要并列排版时，可以利用表格辅助排版。假设有两张分图需要并列排版，由于每一张分图都需要添加分题注①，所以需要插入一个 1 行 2 列的表格，并且整个表格和单元格对齐方式都选择居中对齐，然后按照图 4.3 和图 4.4 所示的步骤设置表格的属性，取消单元格边距。

在第一列插入图片，按【Enter】键换行输入对应的分题注。第二列重复同样的操作。之后，选中整个表格，添加一个总的题注，注意此时题注标签选择【图】，而不是【表格】，最后取消表格的边框即可。最终效果如图 4.8 所示。

（a）边牧

（b）金毛

图4.8　边牧与金毛的对比

4.2.2 用表格横排图片

论文一般采用纵向排版，但是有时图片过大，需要横向排版，此时其与页面的布置关系见图 5.5 所示，这种情况也可以利用表格辅助排版。具体步骤如下。

首先，插入一个 1 行 2 列的表格，右键单击后设置【表格属性】，取消单元格边距，表格整体设为居中对齐。为方便操作，单元格边距也可以最后再取消。

①表格编排常见规范见“5.2 图表编排规范”。

其次，按照图 5.5 所示布置关系，在左列插入图片并逆时针旋转 90°（向左旋转 90° ），右键单击右列单元格，选择【文字方向】选项，然后将文字逆时针旋转 90° ，如图 4.9 所示。

再次，选中表格并给表中插入的图片添加题注，因为实际选中的是表格，是给表格中的图片添加题注，因此题注标签应改为“图”。新添加一个标签为“图”的题注后，剪切此题注并粘贴到表格右列单元格内，然后对此题注应用相应的样式，如图 4.10 所示。

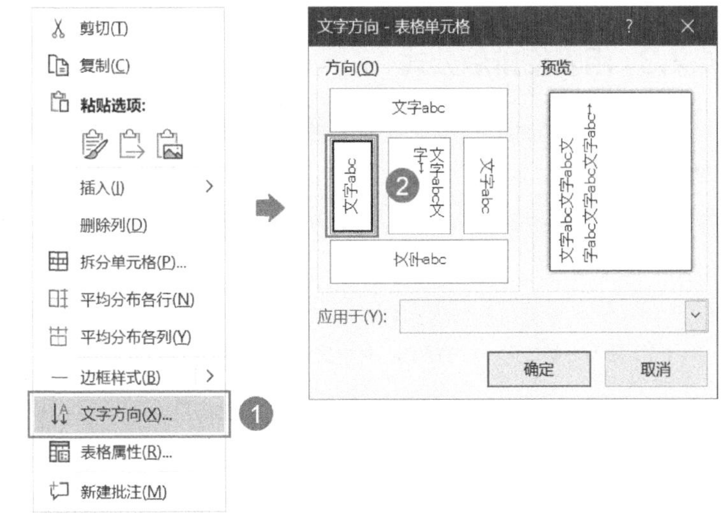

图4.9 设置文字方向

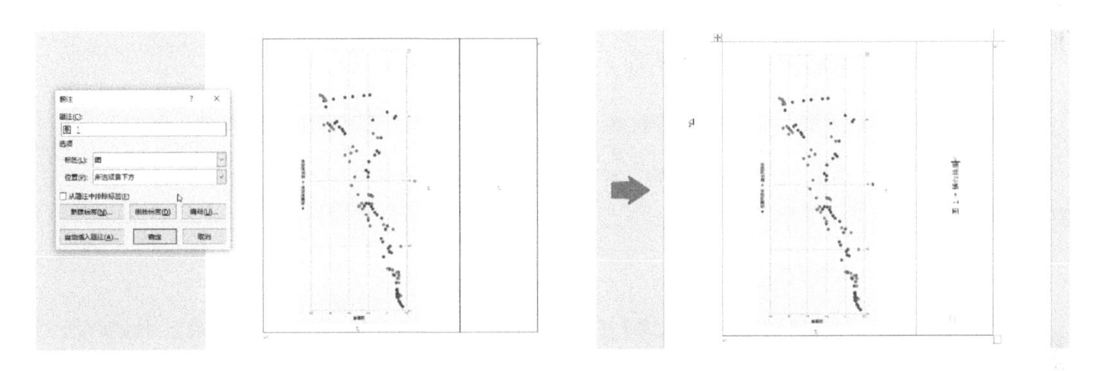

图4.10 为横向排版的图片添加题注

最后，左列单元格对齐方式使用【中部右对齐】，右列单元格对齐方式使用【中部左对齐】，调整表格列宽至合适的位置，可以得到图 4.11 所示效果；最后取消表格边框，即可完成图片的横向排版。

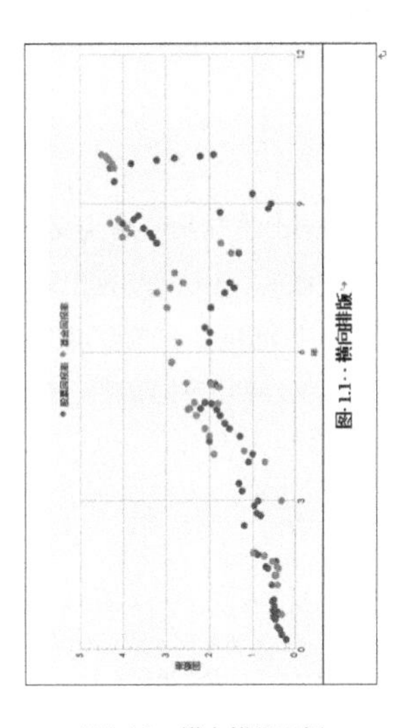

图4.11 横向排版示例

4.2.3 用表格排版公式

论文里插入的行间公式通常要求在其右侧编排公式编号，且公式编号右顶格编排。这时可以借助表格排版，具体方法如下。

（1）插入一个 3 列 1 行的表格，并设置表格为居中对齐。

（2）按照图 4.3 和图 4.4 所示的步骤，取消单元格边距。

（3）选中最左侧单元格，按照图 4.3 所示的步骤，设置单元格【度量单位】为百分比，【指定宽度】为 10%。

（4）重复上一步，分别设置中间单元格和右侧单元格的宽度为 80% 和 10%。

（5）设置中间单元格为两端对齐，右侧单元格为右对齐，并且在右侧单元格内输入一对圆括号。

（6）将光标定位到中间单元格，用 AxMath 插入不带编号的行间公式①②。

（7）将光标定位到表格下面，插入题注，新建题注标签为“式”，并勾选【从题注中排除标签】复选框。

（8）选中插入的公式序号，注意只选中序号，不要选中序号后面的段落标记，然后用鼠标拖动到表格右侧单元格的圆括号内。

（9）选中整个表格，取消表格边框。

（10）单击快速访问工具栏中的【自动图文集】按钮③，将所选内容保存到自动图文集库，可将刚才排版的公式设为模板，以待下次快速插入公式时使用。

通过上述方法可以利用表格辅助排版右侧编号的行间公式，当下次需要插入右侧编号的公式时，不必再次重复上述步骤。直接单击快速访问工具栏中的【自动图文集】按钮，选择保存的右侧编号行间公式模板并插入该模板，其右侧编号会自动更新，只需要双击模板中的公式打开 AxMath，删除原公式并重新输入新公式即可。当不需要新插入的公式时，选中公式所在的表格，按【Shift+Delete】组合键即可快速删除该公式。

---

①用AxMath插入公式的详细方法见“第6章 数学公式编辑”。
②此时可以随便插入一个简单的公式，不必太过复杂，如$E=mc2$。
③快速访问工具栏的设置方法见“1.2 Word工作界面的设置”。

4.2.4 表格横向排版

如果表格的宽度大于版心而长度不超过版心，可以将表格进行横向排版。但是在 Word 里，表格本身并不能像图片一样逆时针旋转 90° ，因此需要采用其他一些变通手段。此处介绍两种方法以供参考，方法一是改变表格的文字方向实现横向排版表格；方法二是将表格转变为图片，然后将图片逆时针旋转 90° ，以实现横向排版表格。

对于第一种方法，优点是表格中的数据后续能够再次编辑，缺点是编辑时文字方向会令人感觉别扭。下面以图 4.12 所示表格为例介绍这种方法的具体操作步骤。

表4.1 α角不同时物料的运动轨迹 单位：（ ° ）

α	β	γ	运动轨迹
0	0	0	由内向外的径向运动
60	40.8	41.14	由内向外的曲线运动
120	90.0	90.58	圆周运动
180	180.0	180.0	由外向内的径向运动

图4.12 示例表格

图 4.12 中是一个 5 行 4 列的表格，将其横向排版时，从纵向上看应该插入一个 4 行 5 列的表格，因为还需要给表格添加题注，所以要多添加 1 列用于放置题注，最终应该插入一个 4 行 6 列的表格。

然后选中该表格，将表格整体设置为居中对齐，根据需要设置单元格对齐方式，如设置为水平居中。

再根据表格样式要求设置【字体】格式和【段落】格式。

下一步，右键单击该表格，在打开的菜单中选择【文字方向】选项，打开【文字方向 -表格单元格】对话框，将文字逆时针旋转 90° 。

此时表格中的文字方向已经逆时针旋转 90° ，可以将相关内容对应填入表格当中，需要注意，表格第一列单元格先空着，不填写任何内容。

其实表格本质上并没有进行旋转，旋转的是表格中文字的方向，因此在填写相关内容时和平常填写表格有些差异，填写时可能不是很适应，容易出错。而且在调整表格时，也和调整普通表格有所区别，如调整横向排版的表格的列宽，实际上是在调整该表格的行高，而调整横向排版的表格的行高，实际上是在调整该表格的列宽。

内容填写完毕而且调整好表格的行高和列宽后，根据“顶左底右”的原则，最左侧一列要用于放置题注，因此第一列表格需要合并单元格并居中。选中第一列单元格，此时会激活表格工具【布局】选项卡，单击【布局】-【合并】-【合并单元格】选项，此时横向排版表格的制作效果如图 4.13 所示。

选中该表格，单击【插入题注】为该表格添加表格题注，如图 4.14 所示。

然后选中该题注，注意不要选中题注后面的段落标记，剪切并粘贴至表格第一列。

接着选中整个表格，激活【表设计】选项卡，单击【表设计】选项卡，在【边框】组中取消表格边框，然后设置边框线宽度并重新绘制三线表，最终效果如图 4.15 所示。

表4.1　α角不同时物料的运动轨迹（单位：°）

α	β	γ	运动轨迹
0	0	0	由内向外的径向运动
60	40.8	41.14	由内向外的曲线运动
120	90.0	90.58	圆周运动
180	180.0	180.0	由外向内的径向运动

图4.13　表格横排效果

表4.1　α角不同时物料的运动轨迹　单位：（°）

α	β	γ	运动轨迹
0	0	0	由内向外的径向运动
60	40.8	41.14	由内向外的曲线运动
120	90.0	90.58	圆周运动
180	180.0	180.0	由外向内的径向运动

图4.14　添加表格题注

表4.1　α角不同时物料的运动轨迹　单位：（°）

α	β	γ	运动轨迹
0	0	0	由内向外的径向运动
60	40.8	41.14	由内向外的曲线运动
120	90.0	90.58	圆周运动
180	180.0	180.0	由外向内的径向运动

图4.15　横向排版表格的最终效果

第二种方法的设置过程没有第一种方法的设置过程那么麻烦。

首先，新建一个 Word 空白文档，设置其【纸张方向】为横向，在该文档中绘制好需要的表格，表格格式要求需和原文档保持一致。

然后通过截图将该表格转变为图片，返回到原 Word 文档，按照“4.2.2 用表格横排图片”所讲方法对其进行排版即可。

为了方便以后在表格中能够再次编辑数据，需要保存好新建的 Word 文档。当要修改表格中的数据时，只需打开该文档进行编辑，然后将其截图保存成图片，回到原 Word 文档，右键单击原图片形式的表格，选择【更改图片】将原图片更换为新图片即可。

05

Chapter

第5章　图表编辑

图表的编辑是论文中十分重要的一个内容，本章主要讲解图表由哪些方面组成，常见的排版要求有哪些，以及如何利用Word排版符合论文要求的图表。通过学习本章内容，读者们可以了解到三线表的组成、图与表在论文排版中常见的一些排版规范等内容。由于在排版横向图片和表格时会借助表格进行排版，相关内容已在“第4章 封面制作及表格巧用”中讲过，所以本章就不再重复讲解了。

5.1 图表组成

在撰写论文的过程中难免需要插入一些图片或者表格，根据要求，需要给这些图表编号并赋予名称。为便于理解和描述，我们将图表看成由三个部分组成。以图 5.1 所示为例，数字 1、2、3 标注的内容为第一部分，称为题注，其中，数字 1 标注的内容称为题注标签，数字 2 标注的内容称为图序或者表序，数字 3 标注的内容称为图题或者表题；数字 4 标注的内容为第二部分，图片包括图身，表格则包括表头和表身，此部分是图表的主要内容；数字 5 标注的内容为第三部分，称为图注或者表注。

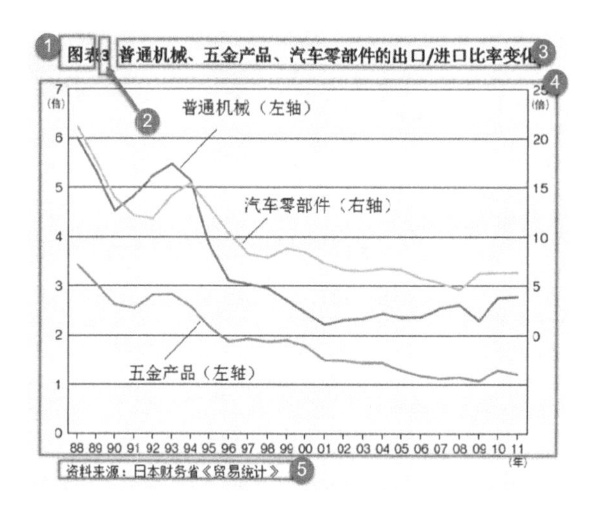

图5.1 图表组成

论文中的表格通常要求使用三线表，其制作方法见“3.3.2 新建三线表样式”。绘制三线表至少需要三根线，即两根反线和一根正线，但并非只能有三根线，必要时可以添加辅助线，切忌表头添加斜线。反线较粗，一般为 1.5 磅；正线较细，一般为 1.0 磅。顶端的反线又称顶线，底端的反线又称底线，标题栏下端较细的正线又称栏目线，其他根据需要添加的细线统称为辅助线，顶线与栏目线之间的标题栏则称为表头。

5.2 图表编排规范

在编排图表的时候需要遵守一定的规范，按照题注、图表本身和图注（表注）3 个方面，其排版要求主要有以下一些内容。

5.2.1 题注编排

（1）任何图、表都必须添加题注①，并且图片的题注位于图片下方，表格的题注位于表格上方，通常情况下题注相对于图表要左右居中对齐。

（2）图序与图题（表序与表题）之间需要空一个汉字符。

（3）图序（表序）通常由两个部分组成，中间用短横线“-”或者句点“.”作为分隔符，分隔符前面的数字表示章序号，分隔符之后的数字表示在该章中图表的编号，一旦选择一种分隔符，整篇论文只能使用这一种分隔符②。如“图 2.1 发展中国家经济增长速度的比较（1960—2000）”中，“2”表示第 2 章，“1”表示此图是该章的第 1 个图。

（4）题注的总长度不应超过图表的宽度，否则题注应该转行分多行排版。[4]

（5）当需要同时编排中英文题注时，中英文题注分上下两行排版，且中文题注编排在上，英文题注编排在下。但实际操作时应先插入英文题注，然后再插入对应的中文题注才能实现中文题注在上、英文题注在下的排版。

（6）一般情况下一个题注对应一个图表，该图表需要左右居中对齐。

（7）如果多幅图共用一个题注，这些图称为分图，当存在分图时，每一个分图必须添加子题注，子题注不需要添加题注标签，但需要用（a）、（b）、（c）等表示顺序，并需要有分图名。

5.2.2 图表本身编排

（1）表身内的数字一般不带单位，百分数也不带百分号（%），应把单位符号和百分号等归并在标题栏中。如果表格内所有栏目中的单位均相同，则可以把共同的单位标示在顶线上方的右端，如表 5.1 所示。

表5.1　某些物料的必需氨基酸含量[4]　　单位：mg/g

名称	鱼粉1)	玉米	紫苜蓿	名称	鱼粉1)	玉米	紫苜蓿
组氨酸	23	2.2	3.5	缬氨酸	52	7.3	9.0
苏氨酸	40	4.8	6.8	苯丙氨酸	42	4.5	7.1
精氨酸	52		6.6	异亮氨酸	55	3.8	5.8
蛋氨酸	28	2.0	1.5	赖氨酸	80	2.7	7.4

①用于辅助排版的表格不需要添加题注。
②公式编号规则和图表一样。

（2）标题栏中栏目内容一般都写成“量 / 单位”的形式，若单位为组合单位，本身带有斜线“/”，则需要用括号“（ ）”将组合单位括起来，并用负指数的形式表示。如转速（单位：r/min）应写为“转速 /（$r \cdot min^{-1}$）”，生产率（%）应为“生产率 /%”。[5-6]

（3）表身单元格中，“空白”代表未测或未发现，“——”（一字线）代表无此项，“0”代表测试结果为零。

（4）正文中需先见文字叙述，再见图表，也不能只有图表而没有相应的文字叙述。

（5）分图可以并列排版，排版技巧见“4.2.1 用表格并排图片”。

（6）若图表宽度大于版心宽度但高度不超过版心宽度时，可以采用横向排版，俗称“卧排图”“卧排表”。但是学位论文一般采用纵向页面排版、双面打印，为了确保其页眉、页脚前后统一，因此排版时通常是将图表逆时针旋转 90° 排版，而不是将页面设为横向进行排版。

横向排版时的图表布局应如图 5.2 所示。，排版时遵循的原则是从纵向上看“顶左底右”。对于图片而言，当图片在奇数页时，纵向页面上看图片应该在订口侧，题注应该在切口侧；当图片在偶数页时，纵向页面上看图片应该在切口侧，题注应该在订口侧。对于表格而言，当表格在奇数页时，纵向页面上看表格应该在切口侧，题注应该在订口侧；当表格在偶数页时，纵向页面上看表格应该在订口侧，题注应该在切口侧。

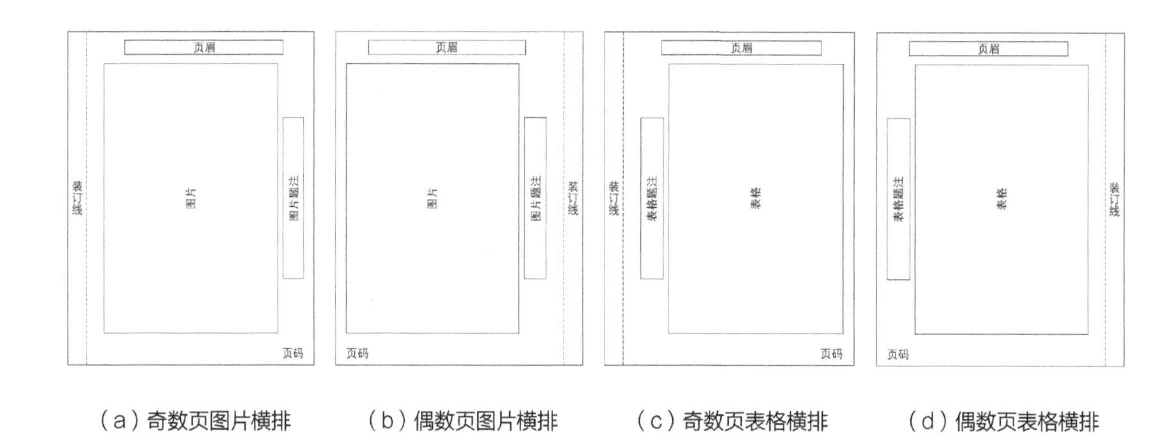

（a）奇数页图片横排　（b）偶数页图片横排　（c）奇数页表格横排　（d）偶数页表格横排

图5.2　奇偶页图表横排

横向排版图片的技巧见“4.2.2 用表格横排图片”，横向排版表格的技巧见“4.2.4 表格横向排版”。

（7）若表格宽度不超过版心宽度而高度在一页内排不下时，可以采用转页接排的形式排版。上一页的表用细线封底，下一页的续表需要重排表头，并在表头上方居右加注“续表”字样。

实现上述效果的方法如下。

a. 选中表格后会激活表格工具，单击表格工具中的【布局】选项卡，然后在【数据】组中单击【重复标题行】，Word 会自动在上一页用细线封底并在下一页的续表中重排表头。

b. 在续表表头上方居右合适位置绘制一个文本框并输入“续表”字样，然后用交叉引用的方法插入表格的题注标签及其序号。

c. 将文本框线条颜色和填充设置为无。

d. 单击文本框，在浮动【布局选项】菜单中选中【在页面上的位置固定】，如图 5.3 所示；或者单击【形状格式】—【排列】—【环绕文字】—【在页面上的位置固定】选项，如图 5.4 所示。

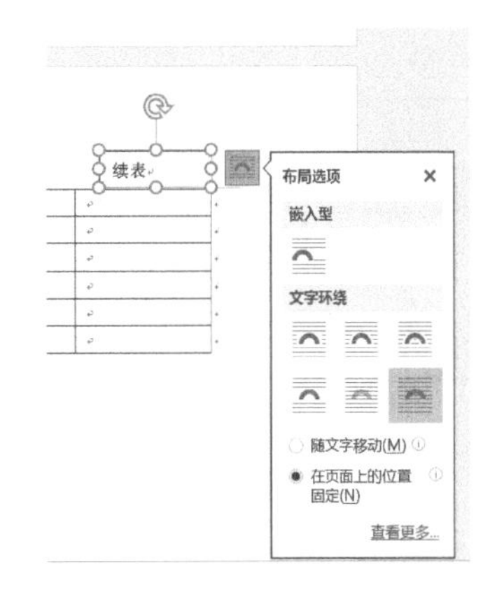

图5.3 接排表“续表”字样固定方法（1）

e. 后期调整编排时可能导致表格不再是跨页表格，这时候需要将这个文本框删除，为了快速定位这个文本框，便于检查文档中所有接排表文本框是否需要保留，可以分别为每一个接排表的文本框添加标签。

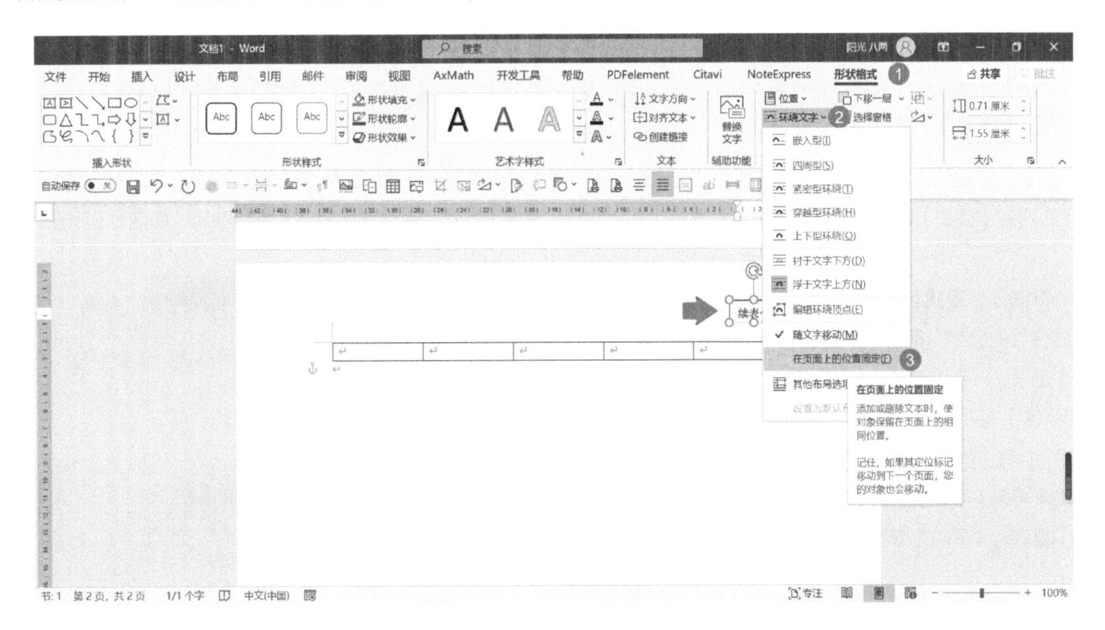

图5.4 接排表“续表”字样固定方法（2）

（8）如果横向排版时表格宽度依然过大，可以考虑使用对页表（也称合页表）的形式排版，即将表格跨排在 2 个相邻的页面上，为了确保表格呈现在一个视野中，应采用双页跨单页的骑缝表排版，避免出现单页跨双页的转面表。[6]

（9）若横向内容多，纵向内容少，可以分成上下多段叠置，段与段之间以双细线隔开，每段的竖向栏目应该重复排出，如表 5.2 所示，该方法可称为“横表分段”。

表5.2　北京地区年降雨量　　　　**单位：10^8m^3**

年份	1985	1986	1987	1988	1989	1990	1991	1992
降雨量	103.72	94.18	110.89	99.11	80.72	109.18	114	72
年份	1993	1994	1995	1996	1997	1998	1999	2000
降雨量	89	130	110	75	96	91	111	100

（10）若表格横向内容少，纵向内容多，可以分成左右多栏叠置，栏与栏之间以双细线隔开，各栏的横向栏目应该重复排出，如表 5.1 所示，该方法称为“竖表转栏”。

（11）表格中的数据书写应规范，上下左右相邻栏内的文字或数字相同时，应重复写出，小数点前的“0”不能省略。

为便于阅读，四位以上的整数或小数可采用千分位符分节。[7] 特别是对于财务人员而言，大量的数字多要求采用千分位符分节。遗憾的是 Word 没有直接添加千分位符的命令，不能直接添加千分位符。这里介绍几种添加千分位符的方法。

方法一：插件法。安装“Word 必备工具箱”后，选中需要添加千分位符的数字，单击【工具箱】选项卡，在【财税工具】组中单击【添加千分位分隔符】。

方法二：公式法。在快速访问工具栏中添加【公式】，选中需要添加千分位符的数字，单击快速访问工具栏上的【公式】，打开【公式】对话框。在【公式】文本框中输入数字，选择编号格式后单击【确定】按钮即可，如图 5.5 所示。

方法三：查找替换法。选中含有需要添加千分位符的数字，单击【开始】-【编辑】-【替换】选项，打开【查找和替换】对话框，在【查找内容】框中输入“([0-9])([0-9]{3})([!0-9年])”，在【替换为】文本框中输入“\1,\2\3”，单击【更多】按钮展开对话框，勾选【使用通配符】复选框，单击【替换】按钮即可。

图5.5　给数字添加千分位符

5.2.3　图注和表注编排

（1）表格的表注应位于表格下方，图片的图注应位于图片之下、题注之上。无论是表注还是图注，都应该缩进 2 个字符排版，且字号通常要小于题注，句末需要添加句号。

（2）表注和图注的总长度不能超过图表的宽度，不然需要转行分多行排版。

（3）如果表注不只一条，可给每条表注编上序号，按顺序排在表下。

06

Chapter

第 6 章　数学公式编辑

在论文中编排数学公式时主要涉及行内公式的编排和行间公式的编排，行间公式又涉及公式的编号和引用，具体编写公式时又分为单击相应的符号和利用 LaTeX 语法编写。本章即通过 AxMath 介绍了数学公式的编写、编排规范、编号和引用等内容。由于使用 LaTeX 语法编写公式效率会更高一些，所以在最后会介绍一些简单的 LaTeX 语法，建议读者们学习了解一下。

6.1 AxMath 简介

按编辑方式不同，AxMath 主界面可切换为两种模式，第一种模式是公式编辑区 + 符号面板 + 右侧栏，第二种模式是公式编辑区 +LaTeX 语法编辑区 + 右侧栏，如图 6.1 所示。

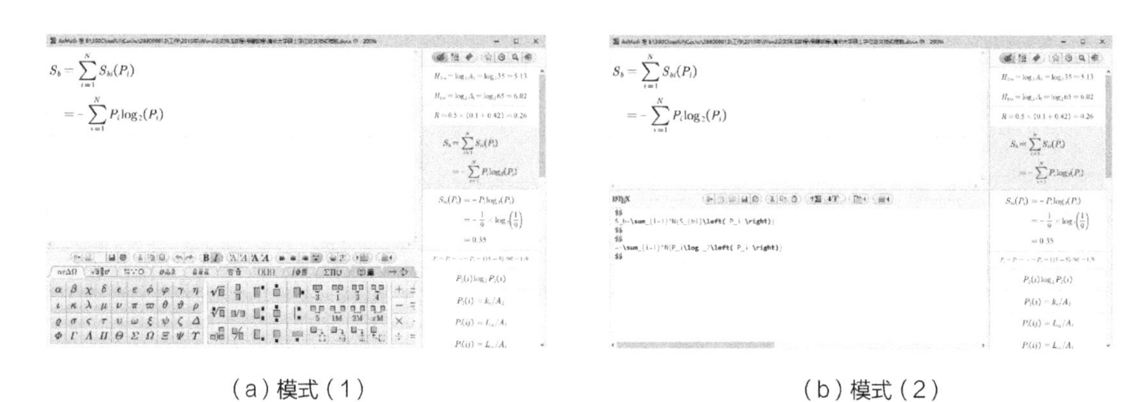

（a）模式（1）　　（b）模式（2）

图6.1　AxMath主界面

模式（1）是 AxMath 基本的编辑方式，其所见即所得的界面对于大部分人来说比较方便，在这个模式的界面下，可以采用“鼠标点击相应的符号 + 组合键 +LaTeX 语法”混合输入法编辑公式。笔者认为，对于不熟悉 LaTeX 语法的读者来说，使用混合输入法会比仅使用鼠标输入快捷和方便许多。因为掌握一些 LaTeX 语法对于输入公式有许多帮助，所以列出一些简单的 LaTeX 语法以供读者学习参考。24 个希腊字母的 LaTeX 语法如表 6.1 所示。

表6.1　24个希腊字母的LaTeX语法

小写	LaTeX语法	大写	LaTeX语法	中文名称	小写	LaTeX语法	大写	LaTeX语法	中文名称
α	\alpha	A	A	阿尔法	ν	\nu	N	N	纽
β	\beta	B	B	贝塔	ξ	\xi	Ξ	\Xi	克西
γ	\gamma	Γ	\Gamma	伽马	ο	o	O	O	奥米克戎
δ	\delta	Δ	\Delta	德尔塔	π	\pi	Π	\Pi	派
ε	\epsilon	E	E	艾普西隆	ρ	\rho	P	P	柔
ς	\zeta	Z	Z	泽塔	σ	\sigma	Σ	\Sigma	西格玛
η	\eta	H	H	伊塔	τ	\tau	T	T	陶
θ	\theta	Θ	\Theta	西塔	υ	\upsilon	Y	\Upsilon	宇普西隆
ι	\iota	I	I	约（yāo）塔	φ	\phi	Φ	\Phi	斐
κ	\kappa	K	K	卡帕	χ	\chi	X	X	恺
λ	\lambda	Λ	\Lambda	拉姆达	ψ	\psi	Ψ	\Psi	普西
μ	\mu	M	M	谬	ω	\omega	Ω	\Omega	欧米伽

6.2 插入 AxMath 分隔符标记

AxMath 公式编辑器可以插入四种类型的公式，即行内公式、不带编号的行间公式、左侧编号的行间公式和右侧编号的行间公式。当用 AxMath 插入自带编号的公式后，正文中可以用 AxMath 交叉引用公式的编号。

如果采用 AxMath 插入公式编号并引用，那么在插入公式前需要先插入 AxMath 分隔符标记。因为在设置样式时通常以【标题 1】作为章标题样式，【标题 2】作为一级节标题样式，【标题 3】作为二级节标题样式，依次类推。AxMath 插入的公式编号同样也分章和节，但是，AxMath 的分章编号、分节编号和【标题 1】、【标题 2】、【标题 3】等样式并没有关联。

如果不先插入 AxMath 分隔符标记，文档第一次插入带编号的公式时会打开图 6.2 所示的对话框。假如在第 2 章第 3 节插入公式 B，但是对话框中的【起始章编号】和【起始节编号】都设为 1。插入公式后会发现，公式 B 的编号显示的是“（1.1）”，而不是“（2.1）”。如果【起始章编号】设为 2，【起始节编号】设为 3，插入公式 B 后编号显示的是“（3.1）”①。当在其他章插入公式时，如在第一章插入公式 A，会发现第一章的公式 A 和第二章的公式 B 的编号是连在一起的，公式 A 的编号显示为“（3.1）”，公式 B 的编号显示为“（3.2）”，如果分析它们编号各自代表的含义，会发现公式 A 和公式 B 的章编号和节编号实际上是一样的，即没有章编号，节编号是 3。而我们希望公式 A 的编号是“（1.1）”，公式 B 的编号是“（2.1）”，公式 A 的章编号是 1，没有节编号，公式 B 的章编号是 2，没有节编号。

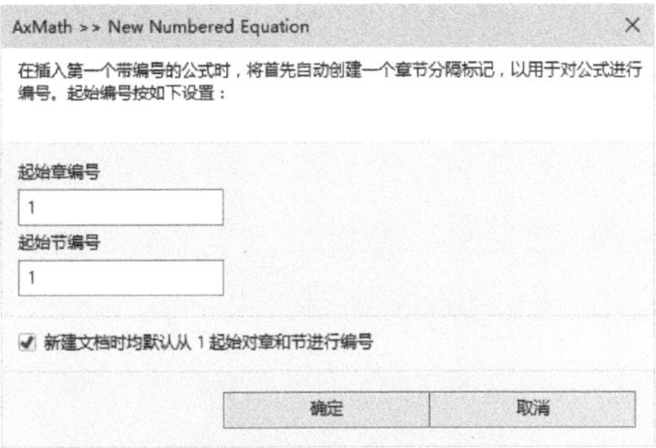

图6.2 建立新的公式编号

因此，为了避免 AxMath 插入的公式的编号和文中分的章节顺序衔接混乱，在插入公式之前需要先将 AxMath 的章节和样式设置的章节联系起来。

联系的方法如下。

（1）将光标定位到第一章章标题末尾处，按【Enter】键换行，然后单击【AxMath】选项卡，单击【公式编号】组中的【章节分隔标记】，在打开的下拉列表框中选择【快速插入一个章分隔】，如图 6.3 所示。

①因为AxMath默认的编号格式中分章编号为无，分节编号和公式编号为阿拉伯数字，所以编号“（3.1）”中的“3”实际上是分节编号，“1”是公式编号。详解见“6.3 修改AxMath公式编号”。

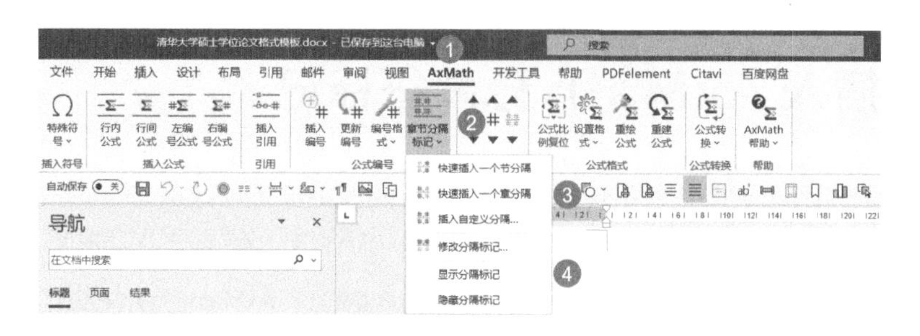

图6.3　插入AxMath章分隔符

（2）双击插入的 AxMath 章分隔符标记，打开图 6.4 所示的对话框，按照图 6.4 中所示步骤修改 AxMath 分隔符标记。第一步，勾选【新建章】复选框；第二步，选中【输入章编号】，并根据文档的章序号填入相应数字；第三步，单击【修改】按钮关闭对话框。

因为我们需要的公式编号格式“（*x*.*y*）”中，“*x*”表示公式所在章，“y”表示公式在该章的公式顺序编号，所以不需要插入 AxMath 的节分隔符标记，也不需要设置图 6.4 所示对话框中【新建节】的部分。因为 AxMath 默认隐藏分隔符标记，所以如果 Word 没有显示分隔符标记，需要选择【显示分隔标记】（如图 6.3 中第 4 步所示）。

（3）将光标再次定位到章标题末尾处，单击快速访问工具栏中的【样式分隔符】（组合键为【Ctrl+Alt+Enter】），在章标题末尾快速插入一个样式分隔符，此时下一行中插入的 AxMath 章分隔符标记会接排在章标题之后。

如果不这样做，直接将 AxMath 分隔符标记插入章标题末尾，最后生成目录时目录中章标题后会显示 AxMath 插入的分隔符标记。正文中第 1 章章标题之后插入了样式分隔符，而第 2 章章标题之后未插入样式分隔符，因此生成目录后，目录中第 2 章章标题之后会显示插入的 AxMath 分隔符标记，如图 6.5 所示。

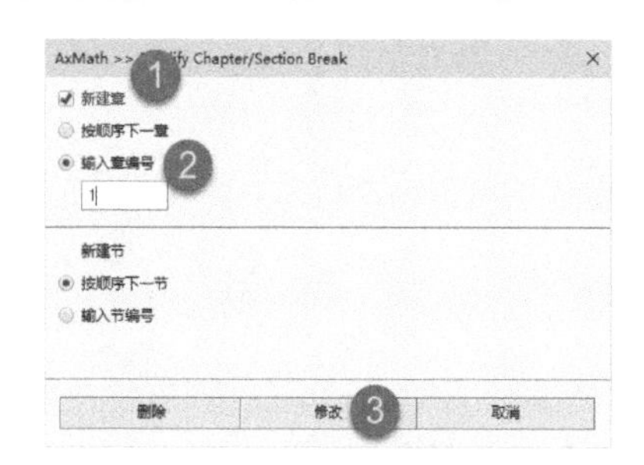

图6.4　修改AxMath分隔符标记

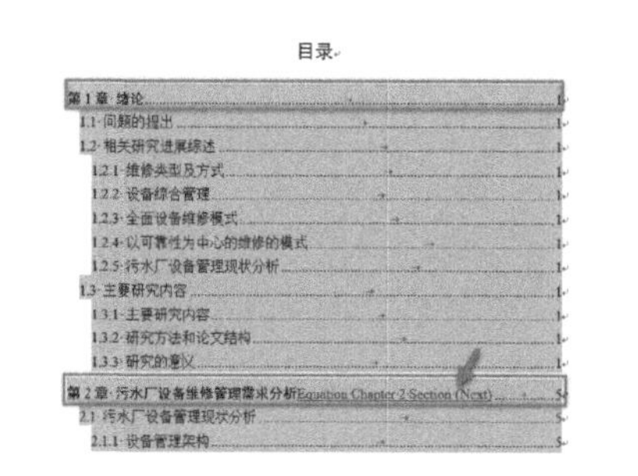

图6.5　样式分隔符分离章标题和分隔符标记效果

（4）重复第一步，依次在其他章章标题处插入并修改 AxMath 的章分隔符标记，这样即可将 AxMath 所分的章和文档所分的章联系起来。

需要注意的是，如果第一次插入带编号的公式之前没有插入 AxMath 分隔符标记，AxMath 将打开如图 6.2 所示的对话框，设置【起始章编号】和【起始节编号】后，AxMath 会自动在文档最前面插入一个分隔符标记。如果没有插入其他分隔符标记，整个文档将以设置的【起始章编号】和【起始节编号】为起始编号连续编排序号。

6.3 修改 AxMath 公式编号格式

AxMath 分隔符标记插入完毕后，下一步是修改 AxMath 公式编号格式。因为 AxMath 公式编号格式默认【章编号】为【None】，【节编号】和【公式编号】为【1,2,3,…】格式，所以其显示的公式编号，实际上分隔符前数字表示【节编号】，分隔符后数字表示【公式编号】，如“（2.1）”表示该公式是其所在当前章的第 2 节的第 1 个公式。然而我们的要求是分隔符前数字表示公式所在当前章的编号，分隔符后数字表示公式序号，即“（2.1）”应该表示该公式是第 2 章第 1 个公式。所以需要对 AxMath 公式编号格式进行设置，如图 6.6 所示，将【章编号】格式改为【1,2,3,…】形式，【节编号】格式改为【None】，【公式编号】仍保持【1,2,3,…】形式。

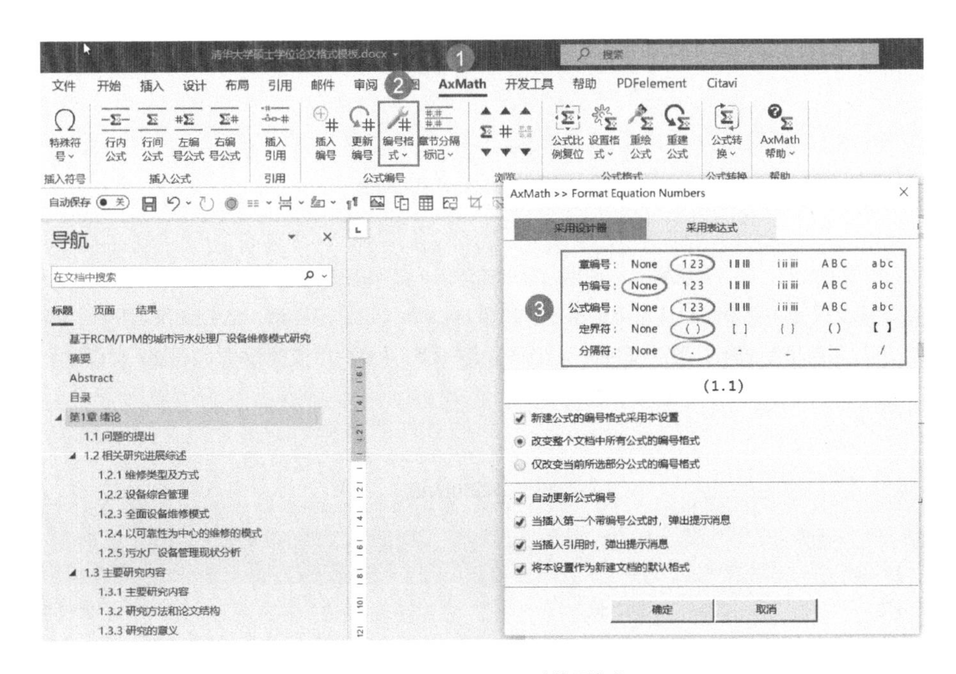

图6.6 设置AxMath公式编号格式

不过需要注意，如果论文最后需要生成公式索引目录，或者在撰写论文的过程中希望引用的公式编号和公式之间能够快速跳转，则不能使用 AxMath 自带的编号功能，插入公式时应该插入不带编号的公式，然后用题注给公式编号，具体方法见“4.2.3 用表格排版公式”。

6.4 AxMath 插入简单数学式

完成上述设置后可以用 AxMath 插入自带编号的公式，方法如下。

（1）单击【AxMath】选项卡，在【插入公式】组中单击【右编号公式】，如图 6.7 所示，打开 AxMath 公式编辑器。

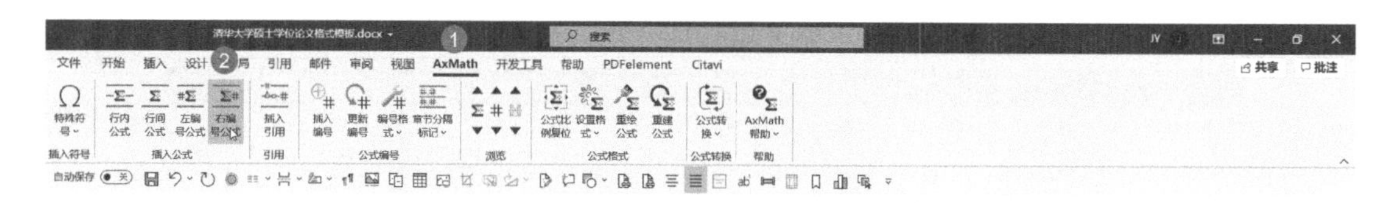

图6.7　打开AxMath公式编辑器

（2）输入需要的公式，输入方法既可以使用鼠标单击输入、使用组合键输入、使用 LaTeX 语法输入，也可以用混合法输入。表 6.2 是 AxMath 默认常用组合键，如果对 LaTeX 语法不熟悉，结合表 6.1 所示 24 个希腊字母 LaTeX 语法，可以采用混合法输入，会比单纯使用鼠标输入快很多。AxMath 支持 LaTeX 语法，可以使用 LaTeX 语法输入公式，也可以混合使用 LaTeX 输入公式。

表6.2　常用组合键

符号	快捷键	符号	快捷键
$\sqrt{\square}$	Ctrl+R	$\circ$	Ctrl+D
$\frac{\square}{\square}$	Ctrl+F	∂	Ctrl+Shift+P
$\square^{\square}$	Ctrl+H	$\int_{\square}^{\square}\square$	Ctrl+Shift+I
$\square_{\square}^{\square}$	Ctrl+J	$\sum_{\square}^{\square}\square$	Ctrl+Shift+S
$\square_{\square}$	Ctrl+L		

（3）公式输入完毕后按【Ctrl+S】组合键保存后关闭 AxMath 即可。

比如，需要在 Word 中输入以下内容：

设函数$f\left(\frac{y}{x}\right)=\frac{\sqrt{x^2+y^2}}{x},x>2,$　　　求$f(x)$。

采用 LaTeX 语法混合输入步骤如下。

（1）单击【AxMath】选项卡，在【插入公式】组单击【行间公式】，打开 AxMath 公式编辑器。箭头所指为采用混合输入法输入公式的地方，在面板下半部两个“$$”之间可以使用 LaTeX 语法直接输入公式，如图 6.8 所示。

（2）输入“f()”，将光标定位在括号内。

（3）输入“\frac”，AxMath 会有语法提示，如图 6.9 所示，按“1”选择分数形式后，输入分子“y”和分母“x”。

（4）输入等号“=”。

（5）使用第（3）步的方法输入分数形式，输入分母“x”。

（6）输入分子“$\sqrt{x^2+y^2}$”，输入“\sqrt”，根据提示选择根号；输入“x^2+y^2”后按【Enter】键，“x^2+y^2”变成“x^2+y^2”。

（7）输入剩余部分。

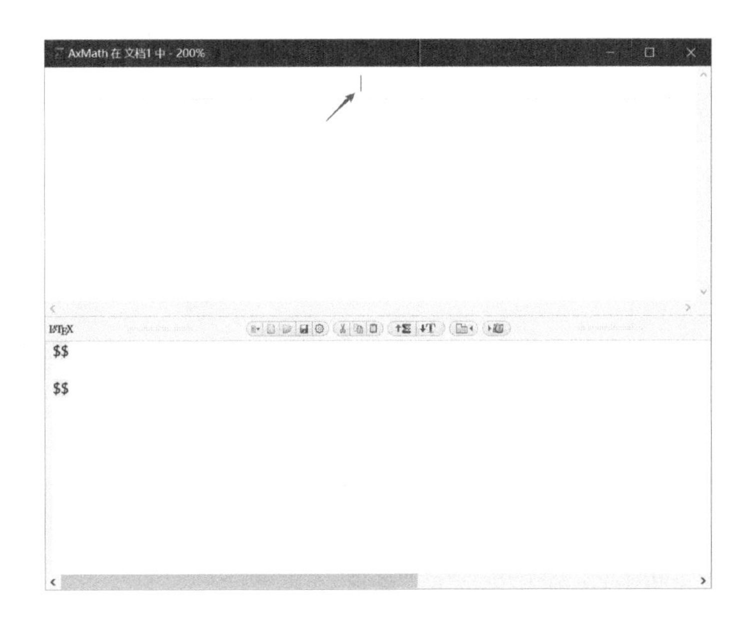

图6.8　AxMath公式编辑器

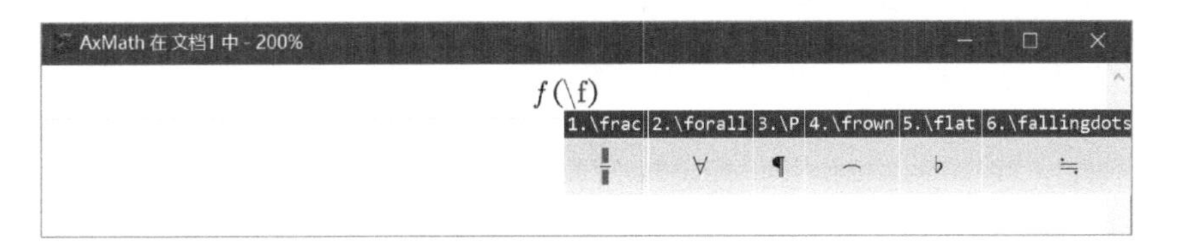

图6.9　AxMath语法提示

6.5 公式编排规范

公式可以分为行内公式和行间公式。顾名思义，行内公式是指在段落文本行中的公式，行间公式是指单独成行成段的公式。在撰写论文的过程中，所有行间公式必须按序编号，编号与公式同行，在公式右侧用圆括号括起来并顶格排版。

编写数理公式时，若公式过长，需要转行编辑，并且转行需要遵守下列规则。

a. 优先在“=”“≈”“>”“<”等关系符号处转行，关系符号留在行末，转行后的首行不必重复写出关系符号。

b. 可在“+”“-”“×”“÷”等符号处转行，这些符号留在行末，转行后的首行不必重复写出符号。

c. 不得已时可考虑在“Σ”“Π”“∫”等运算符号和“lim”“exp”等缩写字之前转行，但绝不能在这类符号之后立即转行。

d. 如果“Σ”“∫”等运算符号后面的式子一行仍然无法排完，则可在其中的“+”“-”号或适当的相乘因子处转行。

e. 对于长分式，若分子分母均由相乘的因子构成，可以在适当的相乘因子处转行，并在上行末尾加上乘号；若分子、分母均为多项式，则可在“+”“-”号处各自转行，并在转行处上行行末和下行行首分别加“→”和“←”符号，如式（6.1）所示公式可以转行排成式（6.2）所示样式。

$$F=\frac{f_n(x)+f_{n+1}(x)+f_{n+2}(x)+f_{n+3}(x)}{\sum_i a_i+\sum_j b_j-\sum_k c_k+B_n} \qquad (6.1)$$

$$\begin{aligned} F= & \frac{f_n(x)+f_{n+1}(x)+}{\sum_i a_i+\sum_i b_j-}\rightarrow \\ & \leftarrow\frac{f_{n+2}(x)+f_{n+3}(x)}{\sum_k c_k+B_n} \end{aligned} \qquad (6.2)$$

f. 较长或较复杂的根式需要转行时，可以先将其改写成分数指数的形式，然后再按上述规则转行。

g. 行列式或矩阵式不能从中间拆开转行。若行列式或矩阵中的诸元素式子太长，通栏无法排下时，可使用简单字符来代替元素，使行列式或矩阵简化，然后对每个字符加以说明。

转行后的式子应该与上行中式子居中排版，还是与第 1 行的式子左对齐排版，又或是比第 1 行式子缩进几格排版，没有具体的规定。在编写本书时，笔者查阅到的转行数学式都是在等号“=”后与上行式子左对齐，读者朋友可以自行斟酌。

用 AxMath 编辑式（6.3）所示转行公式的方法如下。

$$\begin{aligned}(1-\varepsilon)\beta_s c_{ps}\frac{\partial T_s}{\partial t}=(1-\varepsilon)\lambda_s\frac{\partial^2 T_s}{\partial x^2}+hs(T_g-T_s)+ \\ s(-\Delta H)r\end{aligned} \qquad (6.3)$$

第一步，按照“6.4 AxMath 插入简单数学式”中介绍的插入数学式的方法打开 AxMath 公式编辑主界面。

第二步，输入公式第一行等号及其左边式子。

第三步，因为公式第二行行首需要与公式第一行等号右边式子左对齐排列于等号之后，所以需要借助矩阵模板辅助排版公式。插入滚动工具栏中对应的矩阵模板，得到一个头行对齐列阵，如图 6.10 所示。

第四步，单击该列阵的第一个矩形框，移入光标，输入公式第一行等号右边式子，然后单击该列阵的第二个矩形框，移入光标，输入公式第二行式子。

第五步，按【Ctrl+S】组合键保存公式，关闭 AxMath，式（6.3）所示转行公式便编辑完毕。

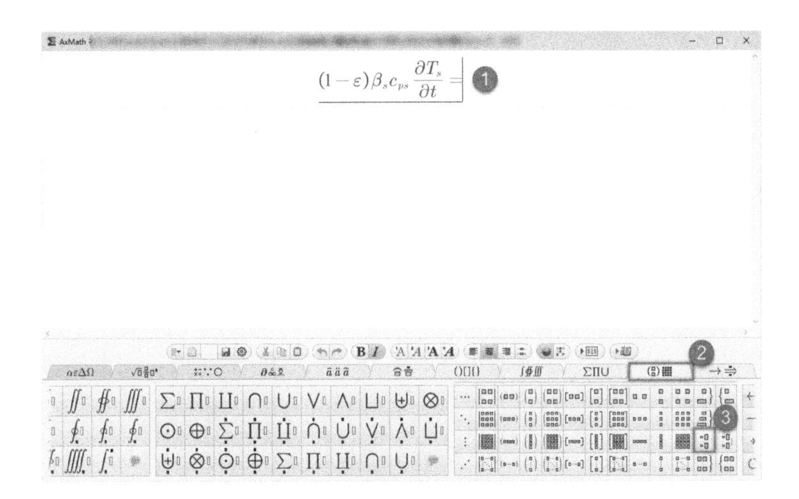

图6.10 利用矩阵模板辅助排版

如果公式右边编号没有相对公式垂向居中对齐，在 AxMath 公式编辑器中单击【设置】-【高级选项】，勾选【对多行公式采用整体垂向中心对齐】复选框，如图 6.11 所示。

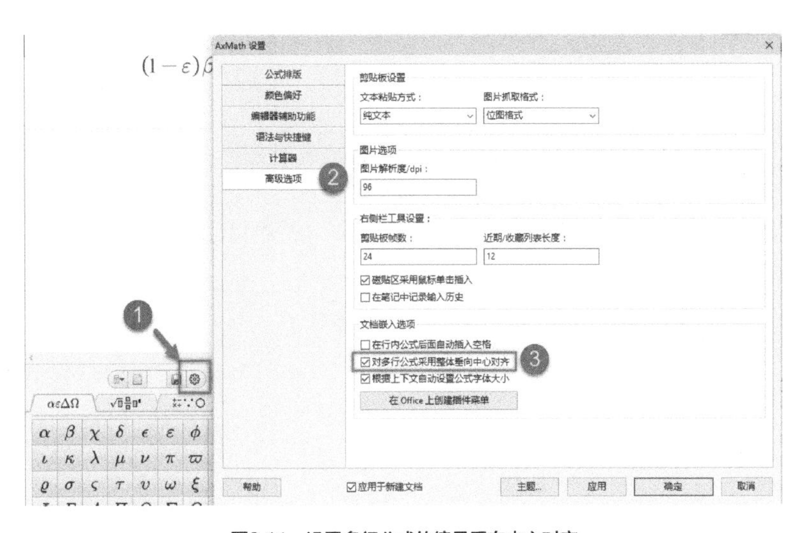

图6.11 设置多行公式的编号垂向中心对齐

排版行列式和矩阵时，若元素为单个字母或数字，每列应使正负号对齐。如式（6.4）应该写成式（6.5）所示样式。

$$\begin{vmatrix} -x & -6 \\ 5 & y \end{vmatrix} \quad (6.4)$$

$$\begin{vmatrix} -x & -6 \\ 5 & y \end{vmatrix} \quad (6.5)$$

具体方法如下。

第一步，在 AxMath 滚动工具栏中单击对应的矩阵模板，打开【新建矩阵和向量】对话框，如图 6.12 所示。

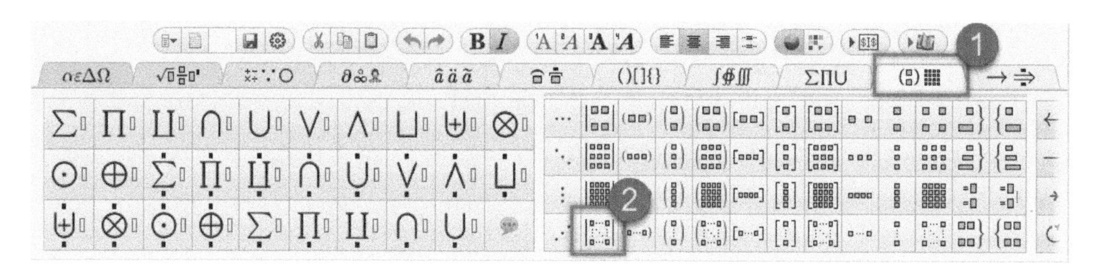

图6.12　打开【新建矩阵和向量】对话框

第二步，设置矩阵的行列数及对齐方式，如图 6.13 所示，然后在矩阵的矩形框内填写相应的内容即可。

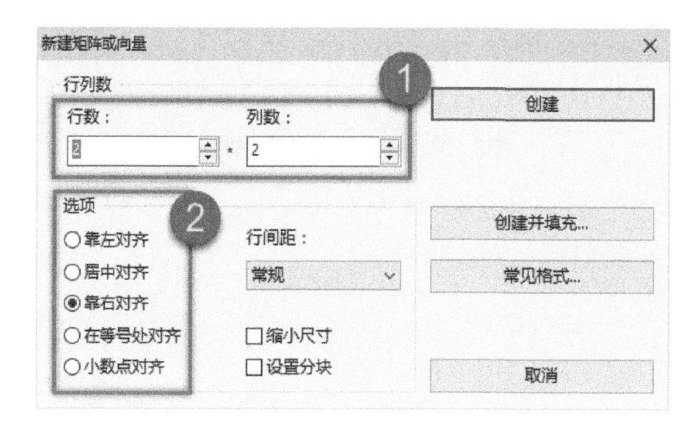

图6.13　设置矩阵

另外，若行列式和矩阵为 $m \times n$ 型，其书写形式应该是式（6.6）所示的样式，而非式（6.7）所示的样式。

$$\begin{vmatrix} A_{11} & \cdots & A_{1n} \\ \vdots & & \vdots \\ A_{m1} & \cdots & A_{mn} \end{vmatrix} \quad (6.6)$$

$$\begin{vmatrix} A_{11} & \cdots & A_{1n} \\ \cdots & \cdots & \cdots \\ A_{m1} & \cdots & A_{mn} \end{vmatrix} \quad (6.7)$$

6.6 简单 LaTeX 语法

现在网络上 Markdown 语法非常时髦，使用 Markdown 语法撰写文档需要输入公式时，其实使用的还是 LaTeX 语法。AxMath 不仅支持全 LaTeX 语法输入公式，也支持使用 LaTeX 语法混合输入公式。而且，在 AxMath 里采用混合法输入公式时，AxMath 会对 LaTeX 语法进行提示，大大降低了 LaTeX 的使用门槛。因此，如果在使用 AxMath 输入公式时能掌握简单的 LaTeX 语法，输入公式的速度会大大提高。

下面，笔者将常用的一些 LaTeX 语法进行梳理，帮助阅读此书的读者们学习理解。本书 LaTeX 语法编辑内容采用正体排版（实际显示效果以软件为准）。

6.6.1 上下标

“^”表示后面内容为上标，“_”表示后面内容为下标，上下标的公式及 LaTeX 语法示例如表 6.3 所示。

表6.3 上下标的公式及LaTeX语法示例

公式	LaTeX语法
a_i	a_i
a^i	a^i
$x^{y^z}=\left(1+e^x\right)^{-2xy^w}$	x^{y^z}=\left(1+e^x\right)^{-2xy^w}

6.6.2 分数

分数的表现方法有两种。

一是横向书写，用斜线“/”作为分号，写法：分子 / 分母。分数横向书写的公式及 LaTeX 语法示例如表 6.4 所示。

表6.4 分数横向书写的公式及LaTeX语法示例

公式	LaTeX语法
$(x+y)/2$	(x+y)/2

二是使用 LaTeX 语法写成纵向，写法：\frac{ 分子 }{ 分母 }，分数纵向书写的公式及 LaTeX 语法示例如表 6.5 所示。

表6.5 分数纵向书写的公式及LaTeX语法示例

公式	LaTeX语法
$\frac{x+y}{2}$	\frac{x+y}{2}

6.6.3 根式

根式的写法：\sqrt[n]{ 内容 }，如果是 2 次方根，[n] 省略不写，根式的公式及 LaTeX 语法示例如表 6.6 所示。

表6.6 根式的公式及LaTeX语法示例

公式	LaTeX语法
$\sqrt{2}$	\sqrt{2}
$\sqrt[a]{x}$	\sqrt[a]{x}
$\sqrt{1+\sqrt[p]{1+a^2}}$	\sqrt{1+\sqrt[p]{1+a^2}}

6.6.4 求和

求和的写法：\sum_ 下标 ^ 上标 { 紧跟公式内容 }，求和的公式及 LaTeX 语法示例如表 6.7 所示。

表6.7 求和的公式及LaTeX语法示例

公式	LaTeX语法
$(x,y)=\sum_{i=1}^n{x_iy_i}$	(x,y)=\sum_{i=1}^n{x_iy_i}

如果要求求和上下限在求和符号的右侧时，在 AxMath 中 LaTeX 语法需要加“\limits”，求和上下限在求和符号右侧的公式及 LaTeX 语法示例如表 6.8 所示。

表6.8 求和上下限在求和符号右侧的公式及LaTeX语法示例

公式	LaTeX语法
$\sum\nolimits_{k=1}^n{kx}$	\sum\limits_{k=1}^n{kx}

6.6.5 积分

积分的写法：\int_ 下标 ^ 上标 { 紧跟公式内容 }，积分的公式及 LaTeX 语法示例如表 6.9 所示。

表6.9 积分的公式及LaTeX语法示例

公式	LaTeX语法
$\int_a^b{f(x){\rm d}x}$	\int_a^b{ f(x){\rm d}x }

需要注意的是，上面 LaTeX 语法中“{\rm d}”表示“d”为正体，如果写成“*dx*”，“*d*”默认为斜体，如表 6.10 所示。

表6.10 “d”为斜体时的公式及LaTeX语法示例

公式	LaTeX语法
$\int_a^b f(x) dx$	\int_a^b{ f(x)dx }

6.6.6 极限运算

极限运算的写法：\lim_ 下标 { 紧跟公式内容 }，极限运算的公式及 LaTeX 语法示例如表 6.11 所示。

表6.11 极限运算的公式及LaTeX语法示例

公式	LaTeX语法
$\lim_{x \to x^{(0)}} f(x) = a$	\lim_{x \to x^{(0)}}{f(x)}=a

至此，LaTeX 语法中一些常用的、简单的语法讲解结束，在 AxMath 中使用 LaTeX 语法时，因为有语法提示和语法高亮，所以会容易上手许多。下面以一个案例作为 LaTeX 语法简单介绍的结尾。

设 $f(x,y)=\left\{\begin{array}{l}(x+y)\sin\frac{1}{x}\,sin\frac{1}{y},\ xy\ne 0\\ 0,\ xy=0\end{array}\right.$，

则由 $|f(x,y)|\leqslant|x+y|$，

可知 $\lim\limits_{(x,y)\to(0,0)}f(x,y)=0$，但显然有 $\lim\limits_{x\to 0}\lim\limits_{y\to 0}f(x,y)$ 都不存在。

以上公式的语法分别如图 6.14~ 图 6.17 所示。

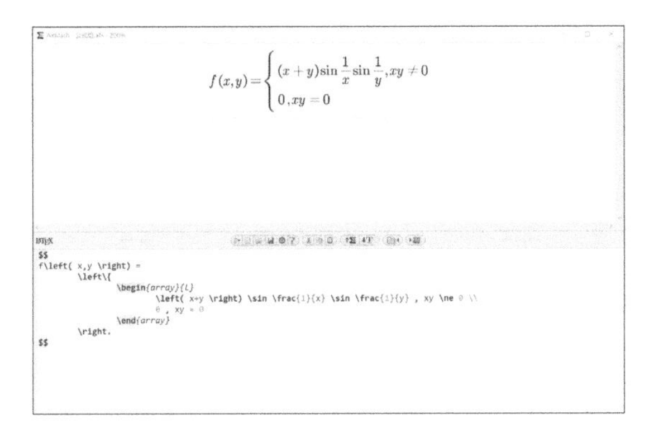

图6.14 第一个公式

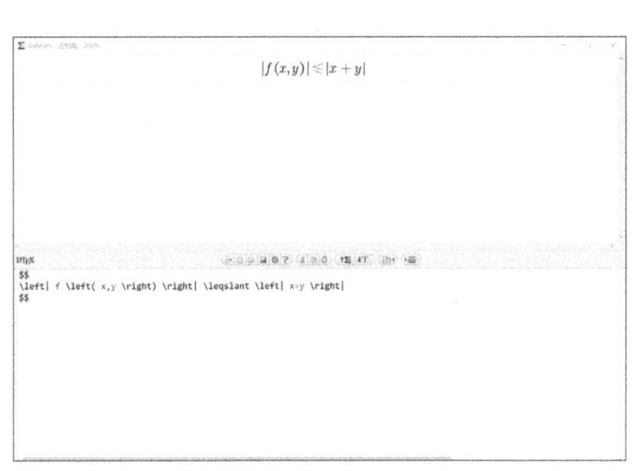

图6.15 第二个公式

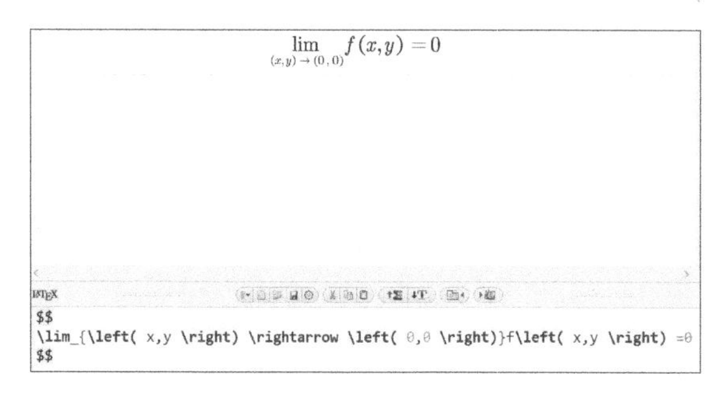

图6.16　第三个公式

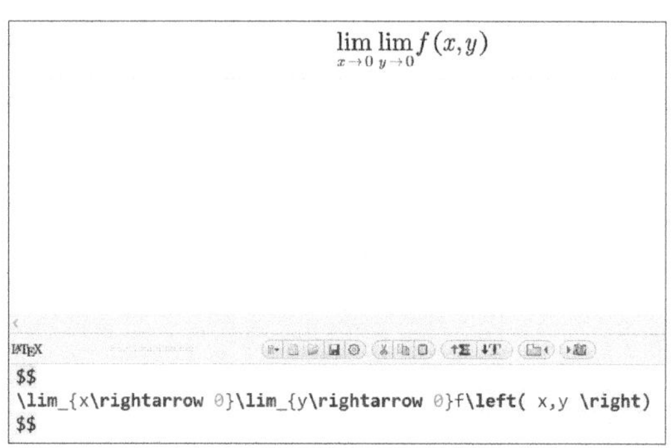

图6.17　第四个公式

最后强调一下，在使用 AxMath 插入行内公式时，如果公式显示不全，如图 6.18 所示，是因为设置了行间距，该行间距下不能完全显示公式。将该段落的行间距改为【单倍行间距】或者将【固定值】的数值设置得大一点，即可完全显示行内公式。

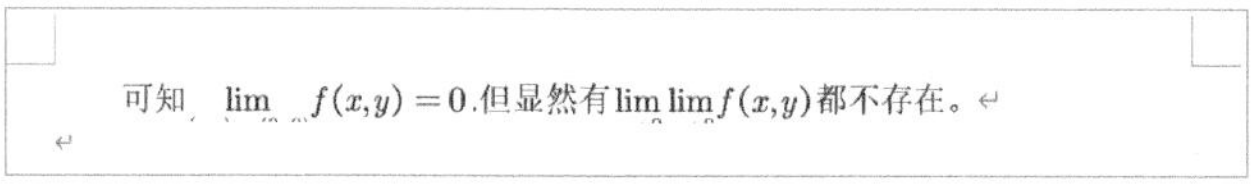

可知 $\lim f(x,y)=0$.但显然有 $\lim\lim f(x,y)$ 都不存在。

图6.18　行内公式显示不全

另一种常见的情况是输入行内公式后，段落间的行间距会变得非常大，如图 6.19 所示。

这是因为默认情况下，Word 勾选了段落设置中的【如果定义了文档网格，则对齐到网格】复选框，如图 6.20 所示，取消勾选即可，取消勾选后段落的行间距会相对较小。

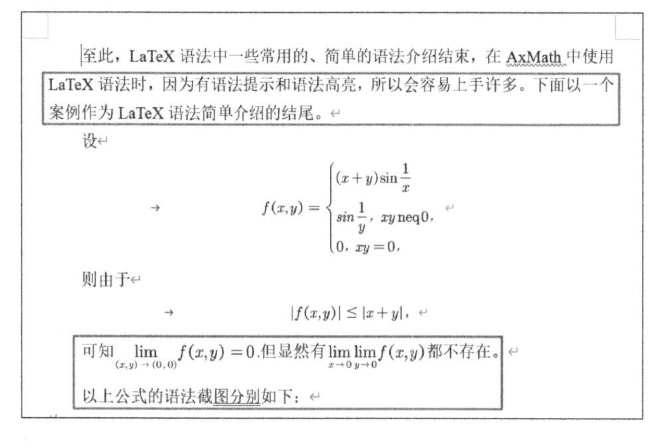

图6.19　行间距变大

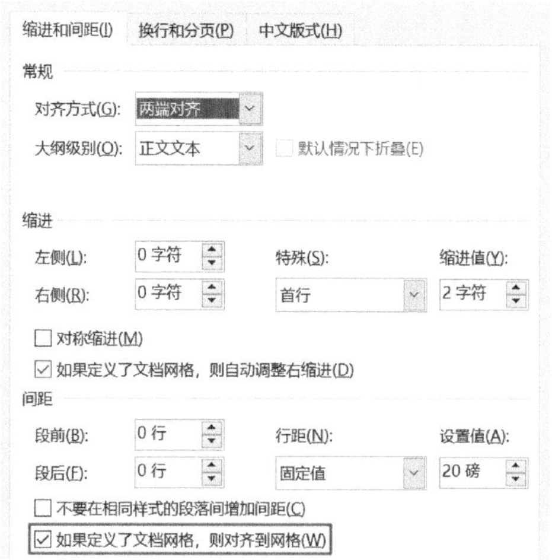

缩进和间距(I)　换行和分页(P)　中文版式(H)
常规
对齐方式(G): 两端对齐
大纲级别(O): 正文文本　默认情况下折叠(E)
缩进
左侧(L): 0 字符　特殊(S):　缩进值(Y):
右侧(R): 0 字符　首行　2 字符
对称缩进(M)
如果定义了文档网格，则自动调整右缩进(D)
间距
段前(B): 0 行　行距(N):　设置值(A):
段后(F): 0 行　固定值　20 磅
不要在相同样式的段落间增加间距(C)
如果定义了文档网格，则对齐到网格(W)

图6.20　【如果定义了文档网格，则对齐到网格】复选框

07

Chapter

第 7 章　化学式编辑

在化学领域，很多人都知道 Chem Office，其套件 ChemDraw 更是化学人必不可少的生产工具。不过 ChemDraw 是一款付费工具，不介意的读者可以购买并使用 ChemDraw。如果手里比较紧张，想使用一款能满足自己基本需求的软件，那可以试试 KingDraw。

KingDraw 是一款比较年轻的软件，截至 2020 年 9 月 5 日，其最新版本为 V1.1.1 版，但这并不影响其强大的功能。相信随着软件的升级，其功能也会更加丰富、完善。需要下载 KingDraw 的读者可以登录官网下载。

利用 KingDraw，再配合化学金排，我们可以方便地在 Word 里输入、排版各种化学式、离子式、电子式、化学反应方程式、化学结构式等。图 7.1 和图 7.2 所示分别是我使用 Word 模仿《有机化学》[8]和《高中化学解题 36 术　思维突破 + 典型题精练》编辑的两页示例。可以看到，借助 KingDraw 和化学金排，我们可以非常方便、简洁地使用 Word 编排化学相关的化学式、化学反应方程式。下面，笔者将和大家一起学习如何借助 KingDraw 和化学金排在 Word 里快速编辑化学文字。

1. 键长（bond length）　指分子中两个原子核间的平均距离，其单位常用 pm 表示。一般来说键长越短，表明电子云的重叠程度越大，共价键越稳定。同一种共价键在不同的化合物中键长会稍有差异。

2. 键能（bond energy）　指 1mol 气态 A 原子和 1mol 气态 B 原子结合生成 1mol 气态 AB 分子时所放出的能量。显然，使 1mol 的气态双原子分子解离为气态原子所需要的能量也是键能，或叫键的解离能（D）。键能的单位是 kJ/mol。

对于多原子分子，共价键的键能一般是指同一类共价键解离能的平均值。例如，从下面所列的甲烷 4 个C－H键的解离能的大小，可以看出这 4 个C－H键的解离能是不相同的，C－H键的键能是 4 个共价键解离能的平均值，约为 415kJ/mol。

$$CH_4 \longrightarrow \cdot CH_3 + H\cdot \qquad D=435.1kJ/mol$$

$$\cdot CH_3 \longrightarrow \cdot \dot{C}H_2 + H\cdot \qquad D=443.5kJ/mol$$

$$\cdot \dot{C}H_2 \longrightarrow \cdot \dot{C}H + H\cdot \qquad D=443.5kJ/mol$$

$$\cdot \dot{C}H \longrightarrow \cdot \dot{C}\cdot + H\cdot \qquad D=338.9kJ/mol$$

键能反映了共价键的强度，通常键能越大，键越牢固。常见共价键的键长和键能见表1。

表1　常见共价键的键长和键能

共价键	键长/pm	键能/（kJ/mol）	共价键	键长/pm	键能/（kJ/mol）
C—H	109	415	C═N	130	615
C—C	154	345	C≡N	116	889
C═C	134	610	C—Cl	176	339
C≡C	120	835	C—Br	194	285
C—O	143	358	C—I	214	218
C═O	122	744	O—H	96	463
C—N	147	305			

3. 键角（bond angle）　指同一原子形成的两个共价键键轴之间的夹角。键角反映了分子的空间结构。同种原子在不同分子中形成的键角不一定相同，这是由于分子中各原子间相互影响的结果。

H 109°28′ H H H　　　H 106° CH_3 H_3C H

甲烷　　　丙烷

4. 键的极性和可极化性　两个相同原子组成的共价键，成键电子对称地分布在两核周围，为非极性共价键，例如H－H键、Cl－Cl等。两个不同原子组成的共价键，由于两原子的电负性不同，形成极性共价键，成键电子非对称地分布在两核周围，电负性大的原子一端电子云密度较大，稍带负电荷，用δ^-表示；另一端电子云密度较小，稍带正电荷，用δ^+表示。例如：

$$\overset{\delta^+}{H} \longrightarrow \overset{\delta^-}{Cl} \qquad \overset{\delta^+}{CH_3} \longrightarrow \overset{\delta^-}{Cl}$$

键的极性由偶极矩（dipole moment）来度量，其定义为正电荷或负电荷中心上的电荷量（q）与正负电荷中心之间距离（d）的乘积，用μ表示，即

$$\mu = qd$$

图7.1　化学编辑示例（1）

上：$Fe_2O_3+2Al \xlongequal{高温} 2Fe+Al_2O_3$ 或 $Fe_2O_3+3CO \xlongequal{高温} 2Fe+3CO_2\uparrow$

下：Fe_2O_3 不溶于水，不发生此反应，常见碱性氧化物中只有 K_2O、Na_2O、BaO、CaO 有此反应

彼：$Fe_2O_3+6HCl = 2FeCl_3+3H_2O$

欲写 SO_2、SO_3、SiO_2、P_2O_3 等酸性氧化物，以及 MgO、ZnO、Fe_2O_3 等碱性氧化物通性的化学方程式均可参照以上范例。

5. **酸，**如 HCL。常见的化学通性是彼列反应和置换反应：

彼一：$2HCl+Mg = MgCl_2+H_2\uparrow$　彼二：$2HCl+CaO = CaCl_2+H_2O$

彼三：$HCl+NaOH = NaCl+H_2O$　彼四：$2HCl+Na_2CO_3 = 2NaCl+CO_2\uparrow+H_2O$

置换：酸的置换分为金属置换和非金属置换，金属置换：$H_2SO_4+Fe = FeSO_4+H_2\uparrow$ 等，规律见金属活动顺序表；非金属置换：$Cl_2+2HBr = 2HCl+Br_2$ 等规律见非金属活动顺序表。

6. **可溶性强碱，**如 NaOH。常见的化学通性也是四个彼列反应，从上到下与非金属、酸性氧化物、酸、盐分别发生彼列反应。

彼一：$2NaOH+Cl_2 = NaCl+NaClO+H_2O\uparrow$　彼二：$2NaOH+CO_2 = Na_2CO_3+H_2O$

彼三：$NaOH+HNO_3 = NaNO_3+H_2O$　彼四：$2NaOH+CuSO_4 = Na_2SO_4+Cu(OH)_2\downarrow$

注：碱和盐反应的条件是必须都溶，且能生成沉淀或气体。

7. **难溶性碱和难溶性酸的化学通性。**

难溶性的酸、碱受溶解性的限制，其常见的化学通性主要是中和反应与热分解，如 $Cu(OH)_2$ 中和反应与分解反应的化学方程式：$Cu(OH)_2+2HCl = CuCl_2+2H_2O$，$Cu(OH)_2 \xlongequal{\triangle} CuO+H_2O$。

难溶性酸，如 H_2SiO_3 中和反应与热分解的化学方程式：$H_2SiO_3+2NaOH = Na_2SiO_3+2H_2O$，$H_2SiO_3 \xlongequal{\triangle} SiO_2+H_2O$。

8. **盐，**如 $CuSO_4$。观察“十格图”，知其可能与盐、酸、碱、水、金属或非金属发生反应：

平：$CuSO_4+BaCl_2 = BaSO_4\downarrow+CuCl_2$（注：条件是两种盐必须都溶，且能生成沉淀）

上：$Na_2SiO_3+2HCl = 2NaCl+H_2SiO_3\downarrow$

注：盐与酸制新酸只在以下三种情况下可行：

（1）弱酸盐与更强的酸，如 $Na_2SiO_3+2HCl = 2NaCl+H_2SiO_3\downarrow$；

（2）能生成不溶于酸的沉淀（$BaSO_4$、AgCl、CuS、Ag_2S 等），如 $H_2S+CuSO_4 = CuS\downarrow+H_2SO_4$；

图7.2　化学编辑示例（2）

7.1 化学式的编辑

下面，以在 Word 里输入 H_2、H_2O、$Ca(OH)_2$、SO_4^{2-}、Fe^{2+}、${}^{14}_{6}C$、$CuSO_4 \cdot 5H_2O$ 为例，分别介绍使用化学金排输入单质、化合物、离子、同位素和结晶水合物的化学式的方法。

首先，单击【化学金排】图标打开化学金排①。化学金排会显示三个界面：一是化学金排百宝箱，如图 7.3 所示；二是化学金排输入框，如图 7.4 所示；三是化学金排内部素材对话框。通过单击化学金排百宝箱可以在 Word 里输入相应的化学文字，也可通过化学金排的输入框进行输入。大多数情况下，与前者相比，后者的输入效率要高许多，因此除非必须使用百宝箱，否则我将优先讲解输入框的使用方法。

然后，按【Caps Lock】键切换为英文大写模式，将光标定位在化学金排输入框中，输入框左侧变为绿色表示可以正常输入。

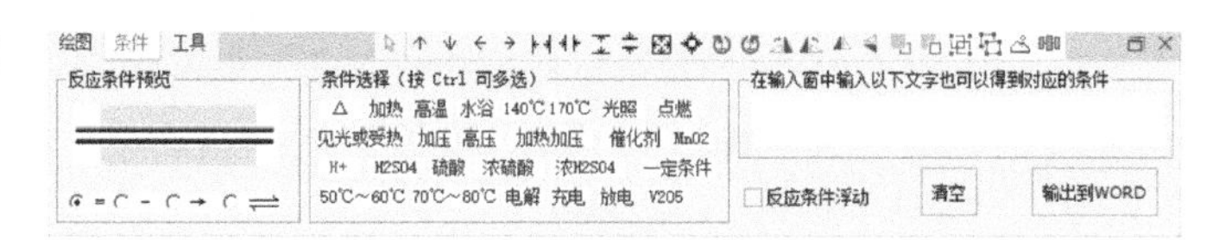

图7.3 化学金排百宝箱

输入“H_2”时，直接在输入框中输入“H2”，然后按【Enter】键即可。

输入“H_2O”时，直接在输入框中输入“H2O”，然后按【Enter】键即可。

输入“$Ca(OH)_2$”时，可以不用输入“()”，直接输入“CAOH2”，化学金排会自动识别并添加“()”变为“Ca(OH)2”，如图 7.5 所示。

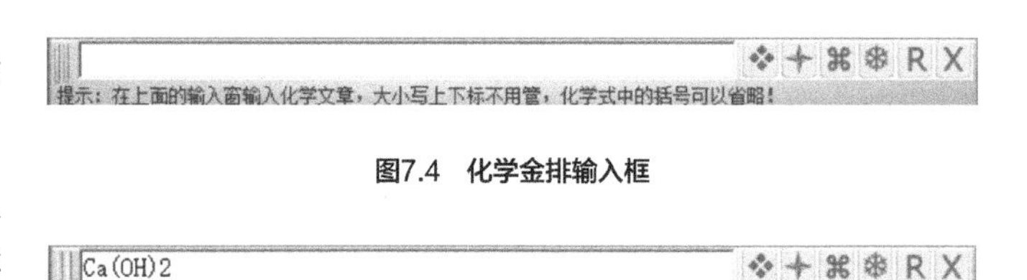

图7.4 化学金排输入框

图7.5 输入“$Ca(OH)_2$”

输入“SO_4^{2-}”时，直接输入“SO4L”，然后按【Enter】键即可。这里的“L”表示显示离子的最高价，如果需要显示的不是最高价离子，则要在“L”前添加相应的数字。

例如，输入“Fe^{2+}”时，如果输入“FEL”，化学金排默认为最高价的三价铁离子“Fe^{3+}”，要输入亚铁离子，需要输入“FE2L”。

但是要注意亚铜离子（Cu^+）的输入，如果输入“CU1L”，实际显示的是“Cu_1L”，正确的输入方法为“CU+”。

输入“${}^{14}_{6}C$”时，用“[14:6]”标记同位素，输入“[14:6]C”即可得到“${}^{14}_{6}C$”，输入“[12:6]C”即可得到“${}^{14}_{6}C$”。

输入“$CuSO_4 \cdot 5H_2O$”时，输入“CUSO45”后按【Enter】键即可，化学金排会自动识别为“CuSO4 · 5H2O”，在 Word 里则显示为“$CuSO_4 \cdot 5H_2O$”。

---

①目前，使用化学金排编辑Word文档时，如果计算机操作系统是Windows 7，直接双击打开待编辑文档，然后运行化学金排，可直接在待编辑文档中输入化学文字；如果计算机操作系统是Windows 10，需先运行化学金排，化学金排会自动新建一个空白文档，然后在该空白文档单击【文件】-【打开】选项，打开待编辑文档，再关掉空白文档，此时才可使用化学金排直接在待编辑文档中输入化学文字。

需要注意的是，有些化学式的英文大写是一样的，化学金排会默认将其识别为更为常见的化学式，如输入“CO”会识别成“CO”，而不会识别成“Co”。几种特殊的化学式的输入方法如表 7.1 所示。

表7.1 特殊化学式的输入方法

化学式	输入
Co	CQ
Mo	MQ
Po	PQ
Hf	HQ

其实可以这么理解，当用英文大写模式在化学金排输入框中输入化学式时，化学金排会自动将一些字母、数字等变为上下标或者继续保持为大写英文字母。如果化学式中该字母不需要使用上下标，也不需要使用大写英文字母，输入时用“Q”表示。比如，“Hf”中的“f”如果变为下角标，则显示为“H_f”，显然“f”不是下角标，因此输入时“f”用“Q”表示。

除此之外，还有一些需要记住的特殊化学符号、数字的输入方法如表 7.2 所示。

表7.2 特殊化学符号、数字的输入方法

化学符号、数字	输入	实际显示
物质的量浓度	MOL/L	$mol \cdot L^{-1}$
阿伏伽德罗常量	N0（数字0）	N_A
方程式中物质的状态	（G）（L）（S）（N）	（g）（l）（s）（浓）
加热符号	Shift+F7	△
气体符号	Shift+6	↑
沉淀符号	Shift+7	↓

7.2 标注元素化合价

以三价铁离子（Fe^{3+}）为例，单击化学金排百宝箱【工具】选项卡，单击【化合价标注】，如图 7.6 所示。

打开【化合价标注】对话框后，根据提示输入相应的值，单击【确定】按钮即可，如图 7.7 所示，最后显示为“$\overset{+3}{Fe}$”。

图7.6 标注元素化合价

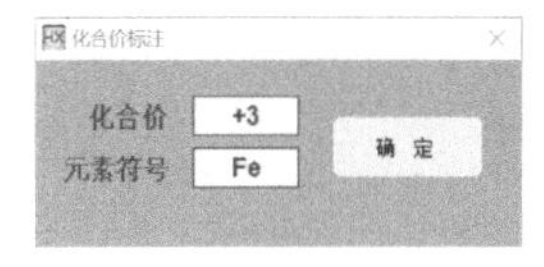

图7.7 【化合价标注】对话框

7.3 原子结构示意图的绘制

可以使用化学金排方便地绘制原子结构示意图，以绘制碳原子结构示意图为例，其操作步骤如下。

（1）单击化学金排百宝箱【绘图】选项卡，然后选择【原子结构示意图】，如图 7.8 所示。

（2）化学金排会打开【原子结构示意图】对话框，在对话框的文本框中输入相应的值，如图 7.9 所示。

（3）单击【确定】按钮后，鼠标指针会变成一个箭头，将箭头移动到需要放置原子结构示意图的位置后再次单击，化学金排会以组合形状的形式在 Word 里插入原子结构示意图，如图 7.10 所示。

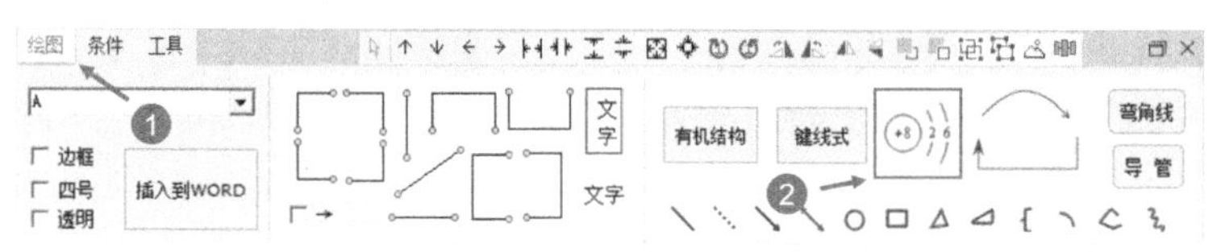

图7.8　绘制原子结构示意图

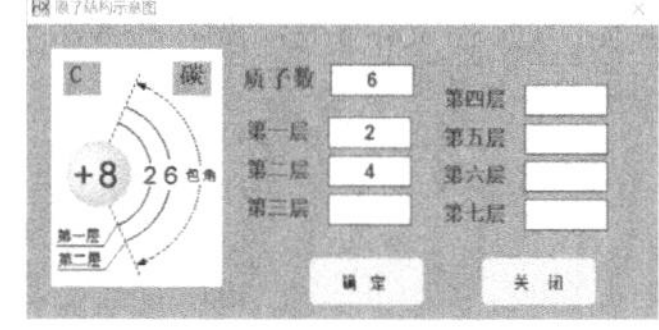

图7.9　【原子结构示意图】对话框

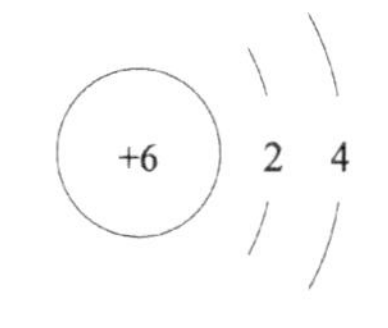

图7.10　碳（C）原子结构示意图

化学金排在 Word 里绘制原子结构示意图的本质是在 Word 里利用文本框、形状进行绘制，由于计算机屏幕的显示分辨率和缩放比例不同，如图 7.11 所示，会导致使用化学金排绘制原子结构示意图时绘制的内容不能正确定位，所以需要先进行设置。具体步骤如下。

（1）右键单击化学金排输入框左侧。

（2）在打开的菜单中选择【手动调整图形定位】。

（3）在打开的对话框中输入屏幕缩放比例即可，如图 7.12 所示。

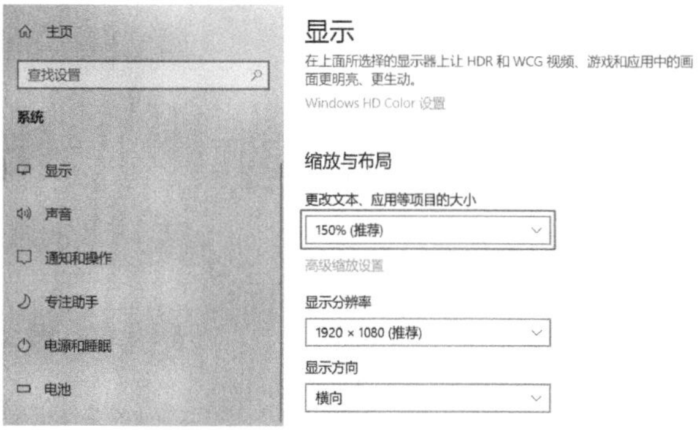

图7.11　计算机屏幕缩放与布局

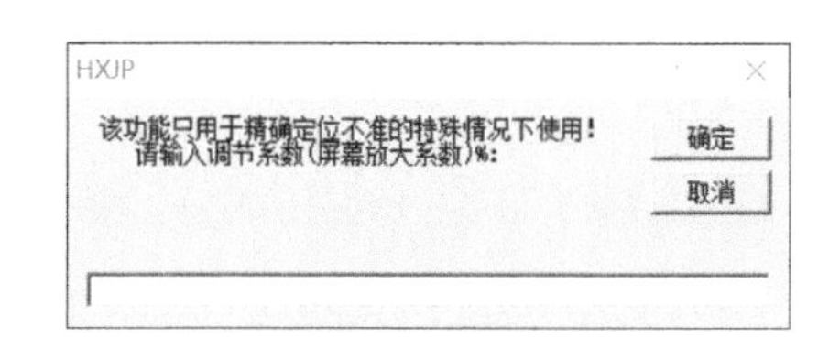

图7.12　手动调整图形定位对话框

7.4 电子式的绘制

虽然化学金排也可以绘制电子式，但是相比之下，使用 KingDraw 绘制电子式更加方便、快捷。下面笔者以图 7.13 所示电子反应方程式为例，介绍如何利用 KingDraw 绘制电子式。

$$:\ddot{\underset{\cdot\cdot}{Br}}\cdot + \cdot Mg \cdot + \cdot\ddot{\underset{\cdot\cdot}{Br}}: \longrightarrow \left[:\ddot{\underset{\cdot\cdot}{Br}}:\right]^{-} Mg^{2+} \left[:\ddot{\underset{\cdot\cdot}{Br}}:\right]^{-}$$

图7.13　电子反应方程式

（1）绘制 Br 的电子式。打开 KingDraw，可以看到图 7.14 所示的窗口。

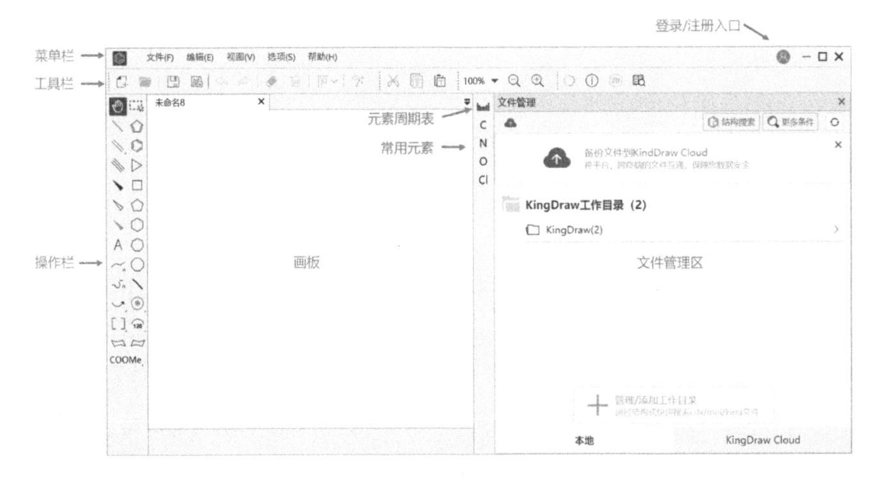

图7.14　KingDraw窗口

单击【元素周期表】打开元素周期表，选择元素 Br。关闭元素周期表后，在画板中单击绘制“HBr”。

右键单击操作栏电荷工具，打开更多电荷选项，如图 7.15 所示，选择【孤对电子】。

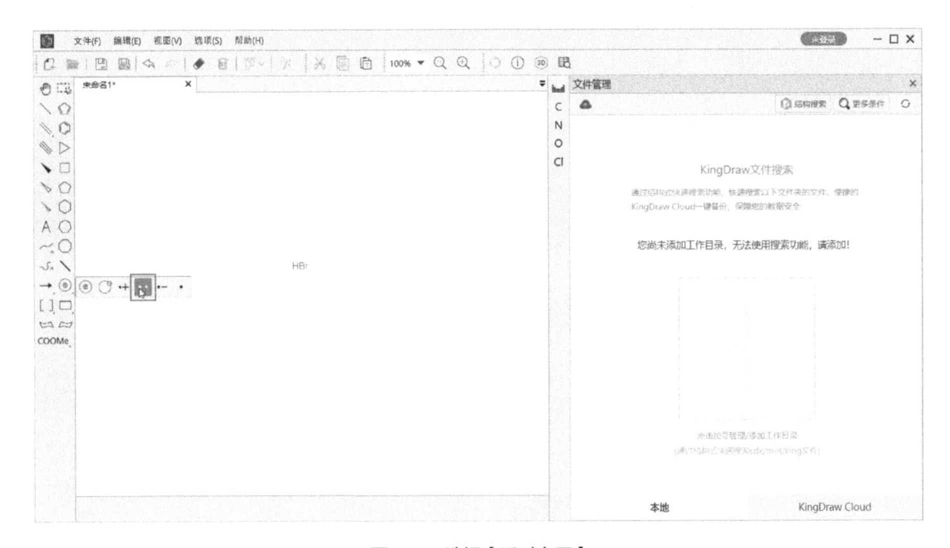

图7.15　选择【孤对电子】

单击画板中“HBr”并按住鼠标左键不放，拖动鼠标指针调整孤对电子的位置。

重复单击绘制其他孤对电子。

重新选择单电子，重复上述操作绘制单电子。最终 Br 的电子式如图 7.16 所示。

选择操作栏中的【矩形选择】工具，单击选中 Br 的电子式，按【Ctrl+Shift】组合键向右拖动鼠标指针，复制两个 Br 的电子式备用，同时调整第 2 个 Br 电子式水平方向上单电子和孤对电子的位置。

（2）绘制 Mg 的电子式。

与绘制 Br 的电子式步骤相同，需要注意的是，添加 2 个单电子后，Mg 的电子式实际上如图 7.17 所示，这显然不符合要求。

图7.16 Br的电子式

图7.17 Mg的电子式

因此，需要选择操作栏【文本】工具，单击 Mg 的电子式，打开文本编辑框，删除多余的 H 元素。

（3）绘制 Br 离子的中括号和负电荷。

经过反应后，Br 会得到一个电子，因此，要把第 3 个 Br 的单电子改为孤对电子。选择工具栏【橡皮擦】工具，单击删除 Br 的单电子，使用电荷工具重新添加孤对电子。此时可以发现 Br 的电子式出现 Mg 的电子式类似的情况，使用相同的方法删除多余的 H 元素即可。

Br 的电子分布修改完毕后，选择操作栏上的【括号】工具中的中括号，在第 3 个 Br 的电子式上绘制中括号并调整大小至合适，然后在工具栏中单击【对齐】工具，选择【左右居中对齐】，如图 7.18 所示。

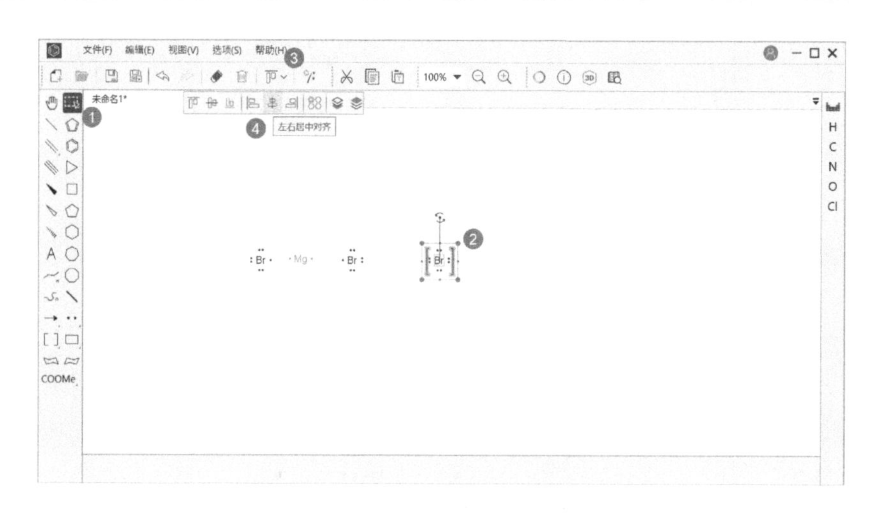

图7.18 【对齐】工具的使用

选择【文本】工具，绘制负电荷，并调整至合适的位置。

（4）绘制 Mg^{2+}。

在元素周期表中选择元素 Mg 并绘制在画板上，右键单击电荷工具并选择【正电荷】，单击刚绘制的“Mg”两次即可获得“Mg^{2+}”。

（5）绘制“+”和反应箭头。

使用【文本】工具绘制“+”，在左侧 Br 和 Mg 的电子式之间绘制“+”。使用【箭头】工具绘制反应箭头。

（6）调整各元素间位置。

选中所有元素，使用工具栏【对齐】工具将所有元素上下居中对齐；按住【Shift】键并拖动鼠标指针调整各元素之间的左右位置，如图 7.19 所示。为更好地控制元素之间的位置，选中元素后可以使用方向键进行控制。

（7）绘制剩余部分结构。

选中“Mg^{2+}”左侧部分，按住【Ctrl+Shift】组合键并拖动鼠标指针复制一个电子式至“Mg^{2+}”右侧。右键单击【箭头】工具，分别绘制图 7.20 所示的两个箭头。

绘制第 2 个箭头后，选择【矩形选择】工具，选中第 2 个箭头，单击该箭头的旋转杆并拖动，顺时针旋转 180°（按住【Alt】键并拖动旋转杆，可以按照每次 15° 进行旋转），如图 7.21 所示。

最后，调整 2 个箭头至合适位置即可。

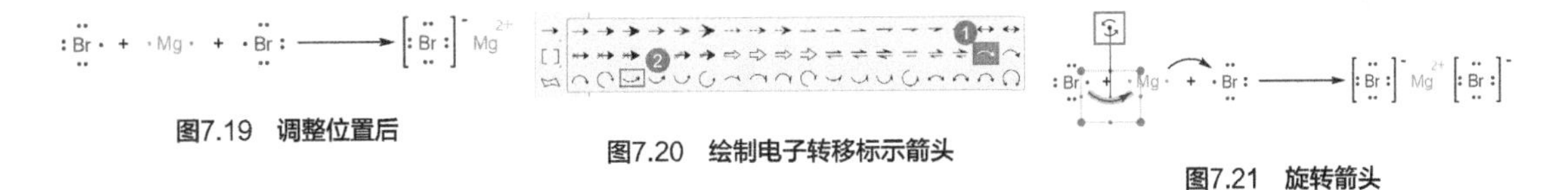

图7.19 调整位置后

图7.20 绘制电子转移标示箭头

图7.21 旋转箭头

（8）调整颜色及字体。

此时，整个反应式默认为彩色，若要更改为黑色，全选整个反应式，单击工具栏【颜色选择器】，选择黑色即可。

KingDraw 默认为 Arial 字体，若要更改为 Times New Roman 字体，全选整个反应式后，单击【文件】-【绘图设置】选项，将字体改为 Times New Roman 即可。

（9）复制到 Word。

全选整个反应式，按【Ctrl+C】组合键复制，打开 Word 后按【Ctrl+V】组合键粘贴。可以发现，此时 Mg 又多了 4 个 H 原子，箭头右侧的 Br 各多了 1 个 H 原子，如图 7.22 所示。这是因为将反应式复制到 Word 中时，KingDraw 会自动配平，所以需要手动进行调整。

双击 Word 中的反应方程式，打开 KingDraw，使用【文本】工具直接删除 Mg 和 Br 多余的 H 原子，Word 中的反应方程式会同步更新。最终结果如图 7.23 所示。

:Br· + ·MgH4 + ·Br: ⟶ [HBr:]⁻ Mg 2+ [HBr:]⁻

图7.22 Mg的电子式自动配平

:Br· + ·Mg· + ·Br: ⟶ [:Br:]⁻ Mg 2+ [:Br:]⁻

图7.23 最终结果

7.5 有机结构式的绘制

虽然化学金排和 KingDraw 都可以绘制有机结构式，但是相比而言，使用 KingDraw 绘制有机结构式更方便、快捷，也更规范。因此，推荐使用 KingDraw 绘制有机结构式。下面以维生素 C 的结构式为例进行介绍，维生素 C 的结构式如图 7.24 所示。

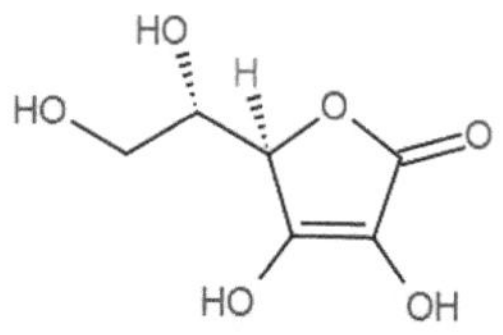

图7.24　维生素C的结构式

（1）绘制环戊烷。

选择【环戊烷】工具，直接在画板上进行绘制。

（2）绘制双键。

选择【双键】工具，单击环戊烷平行线处，即可绘制双键。

单击环戊烷右上角绘制双键，多次单击双键可以切换双键的样式，如图 7.25 所示。

（3）绘制单键和长链。

使用【单键】工具绘制 2 个单键，使用【长链】工具绘制左侧长链。

（4）绘制虚线楔形键。

使用【虚线楔形键】工具绘制 2 个楔形键。

（5）标注元素符号。

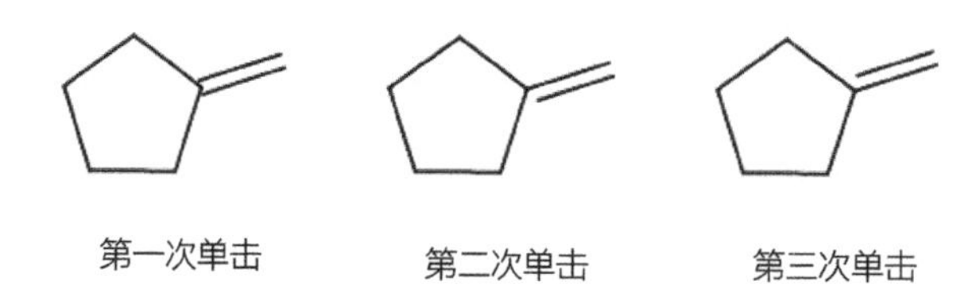

图7.25　双键样式展示

在常用元素区分别选择元素 O 和元素 H，并在结构图中相应的位置单击，即可添加或替换结构图中的元素。

7.6 化学反应方程式的输入方法

介绍电子式的绘制时演示了使用 KingDraw 绘制电子反应方程式的方法。如果需要绘制单线桥、双线桥，或者有机反应方程式，多使用 KingDraw。除此之外，更多时候，无机反应方程式推荐使用化学金排编辑，相比之下会更方便、快捷。本节将继续以几个小案例介绍如何利用 KingDraw 和化学金排编辑化学反应方程式。

7.6.1 反应条件的输入方法

在化学金排中，反应条件可以使用百宝箱输入，也可以使用输入框输入，因为使用输入框输入效率更高，所以推荐学习使用输入框输入的方法。使用化学金排输入反应条件时，“[X==Y]”表示反应条件，其中“X”表示等号上面的反应条件，“Y”表示等号下面的反应条件。如果没有反应条件，中间等号可以直接用“[==]”表示；如果是单箭头，用“[=>]”表示；如果是双箭头，用“[<>]”表示。因为没有反应条件，此时也可以省略“[ ]”，但有反应条件时“[ ]”不能省略，如表 7.3 所示。

表7.3 化学金排方程式反应条件输入方法

书写方式	实际显示	实例
[==]	$=\!=$	$Cl_2+2Na=\!=2NaCl$
[X==Y]	$\xlongequal[Y]{X}$	$2KClO_3\xlongequal[\triangle]{MnO_2}2KCl+3O_2\uparrow$
[=>]	$\longrightarrow$	$2CH_3OH+O_2\xrightarrow[\triangle]{Cu/Ag}2HCHO+2H_2O$
[<>]	$\rightleftharpoons$	$N_2+3H_2\rightleftharpoons 2NH_3$

特殊情况下，需要输入图 7.26 所示的方程式时，中间的横线在化学金排输入框中直接用中文输入状态下的破折号表示。

$KI+KMnO_4+H_2SO_4——I_2+K_2SO_4+MnSO_4+H_2O$

图7.26 特殊方程式的输入

7.6.2 无机化学反应方程式的输入方法

（1）普通方程式的输入。

以 $Cl_2+2Na=\!=2NaCl$ 为例，在化学金排输入框中从左至右直接输入“CL2+2NA[==]2NACL”，按【Enter】键后即可在 Word 中插入该方程式。

（2）离子方程式的输入。

以图 7.27 所示的离子方程式为例，其输入方法和普通方程式的方法相同，唯一需要注意的是“==”之前是“Cl^-”，需要在“Cl^-”和“==”之间加一个空格，方程式才能正常显示，否则化学金排不能正确识别 Cl 的负电荷。反过来，如果“==”之前是一个正电荷，则可以不加空格。

$2MnO_4^-+16H^++10Cl^-=\!=2Mn^{2+}+5Cl_2\uparrow+8H_2O$

图7.27 离子方程式

（3）方程式单线桥与双线桥的绘制。

使用化学金排可以绘制方程式的单线桥和双线桥，其本质与绘制原子结构示意图一样，都是利用 Word 中的形状和文本框工具在 Word 里进行绘制的。相比之下，笔者比较推荐使用 KingDraw 绘制，一是绘制更加方便，二是有利于二次修改。下面，以图 7.28 所示的方程式为例进行介绍。

用【文本】工具分别输入方程式相关符号、文字，如图 7.29 所示。

选择【流程图工具】中的直线，绘制方程式连接符号，如图 7.30 所示。

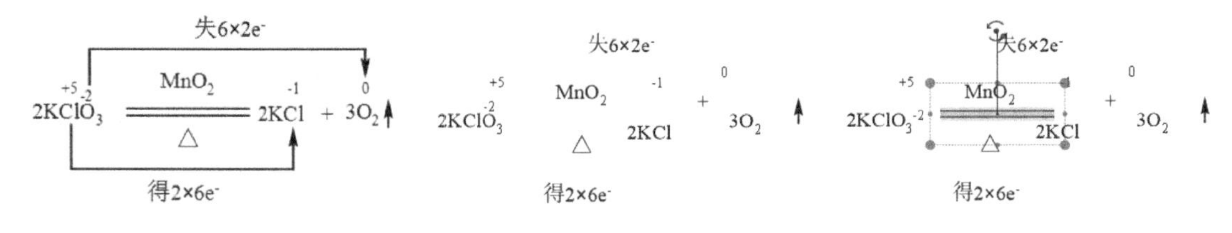

图7.28 方程式示例　　图7.29 绘制方程式组成符号及文字　　图7.30 绘制反应连接符号

用【矩形选择】工具调整各符号之间的位置，如图 7.31 所示。

利用【流程图工具】中的直线和【箭头】工具中的箭头组合绘制线桥，如图 7.32 所示。

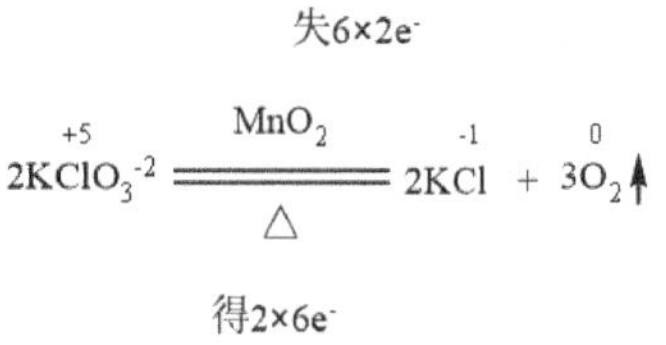

图7.31 调整符号位置 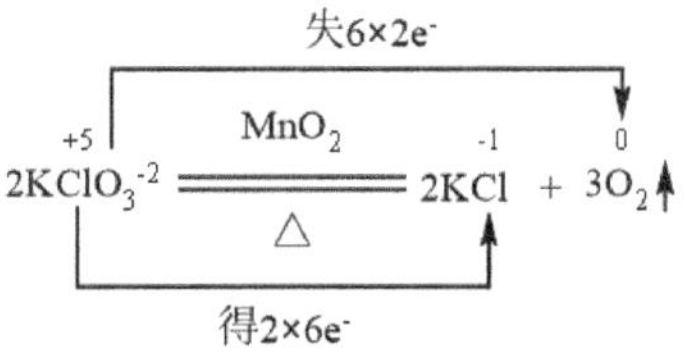　　图7.32 绘制线桥

7.6.3 有机化学反应方程式的输入方法

如果反应方程式是化学式形式，笔者建议用化学金排输入，比如:

$CH_3COOC_2H_5 + NaOH \rightarrow CH_3COONa + CH_3CH_2OH$

虽然使用 KingDraw 也可以绘制化学式形式的反应方程式，但效率没有化学金排高，当然这也跟个人使用习惯有关。但如果反应方程式是结构式形式，使用 KingDraw 的效率则比化学金排更高。图 7.33 所示为以上反应方程式的结构式形式。

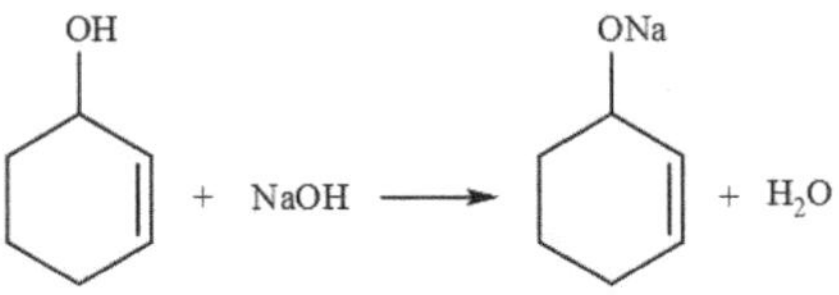

图7.33 结构式形式

08

Chapter

第 8 章 交叉引用与参考文献管理

在论文的排版中，不管是插入图片、表格还是参考文献，都可能会涉及引用。如果图片、表格及参考文献的编号、引用通通使用手动编号的方式，那后期进行文档的修改时，一旦对上述编号进行一次改动，整个文档对应类型的编号都要手动进行维护更新，这会是极为低效和痛苦的过程。如果能正确利用交叉引用和文献管理工具，那么作者就可以从维护编号的工作中解放出来，专心于文档的撰写和修改工作中，无论图片、表格和参考文献如何修改、增删，其相应的编号都会自动更新（需要先更新域后才会显示新的编号）。

8.1 交叉引用规范

（1）引用单个图（表或公式）时，引用的格式为“题注标签 + 序号”，如“图 2.1”。

（2）引用多个但不连续的图（表或公式）时，第一个序号前需要题注标签，其他序号不需要题注标签，并且序号之间用顿号“、”或者“和”连接，如“图 1.1 和 1.3”“图 2.1、2.3 和 2.5”。

（3）引用多个连续的图（表或公式）时，只需要标注第一个图（表或公式）的序号和最后一个图（表或公式）的序号，两个序号之间用波浪纹连接符“～”，且第一个序号前要有标签，后面的序号前不要标签，如“表 7.1 ～ 7.5”不能写成“表 7.1 ～表 7.5”。

（4）公式的标签为“式”，在公式右侧需要给公式编号，此时公式编号用圆括号括起来，不需要添加标签“式”，但是在交叉引用时，需要添加标签“式”，如“式（2.1）”“式（3.2）～（3.6）”。

（5）表示数值范围时，两个数值的附加符号或计量单位相同，但是省略前一个数值的附加符号或计量单位后会造成歧义时，不应省略前一个数值的附加符号或计量单位。[7]

因此，在书写某个数值范围的百分数时，百分数的百分号不能省略，不然会引起歧义，如“10% ～ 20%”不能写成“10 ～ 20%”，因为“10% ～ 20%”表示 0.1 ～ 0.2，而“10 ～ 20%”则表示 10 ～ 0.2。

（6）阿拉伯数字的“0”在文中的汉字有“零”和“〇”两种形式。当表示计量时，“0”的汉字表达形式用“零”；当表示编号时，“0”的汉字表达形式用“〇”。

（7）常见参考文献引文的标注形式可以分为顺序编码制和著者 - 出版年制两种，同一篇文档里只能使用同一种引文标注方式，两种制式不能交互使用。

（8）正文中出现原作者或其著作，应将文献标注序号置于作者姓名或其著作的右上角；如果作者姓名或者著作后有“等”字，则文献标注序号应置于“等”字的右上角。

（9）参考文献的引文标注序号与正文并排，表示该序号是构成文句的一个组成成分，不能作为角标，如“文献 [1] 采用某某方法”不能写成“文献[1] 采用某某方法”。

8.2 交叉引用方法

撰写论文时常常会引用文中的图、表和公式，如果图、表和公式的编号是通过插入题注的方式添加的，那么此时交叉引用其实并不难，单击【引用】选项卡，在【题注】组单击【交叉引用】，或者直接在快速访问工具栏中单击【插入交叉引用】，即可打开【交叉引用】对话框，如图 8.1 所示。

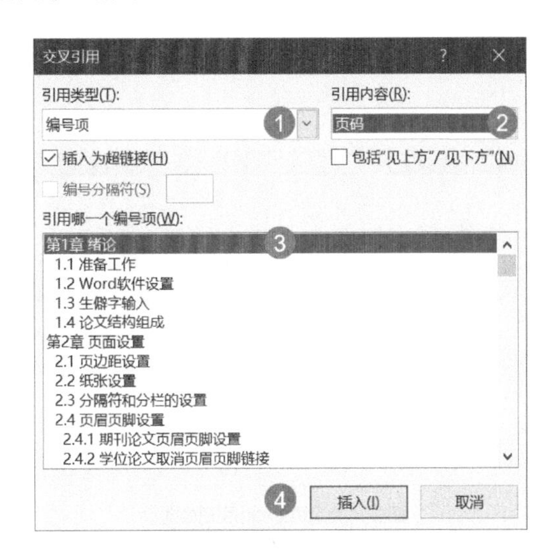

图8.1 【交叉引用】对话框

按照图 8.1 所示的步骤，分别选择引用类型、引用内容和编号项，单击【插入】按钮即可插入交叉引用。因为 Word 默认将交叉引用插入为超链接，所以当按住【Ctrl】键单击文中引用的编号项时，Word 能够快速跳转到被引用的对象处。而且因为插入的题注和交叉引用实质上是域，所以题注的编号可以随着插入内容的增减自动更新，插入的交叉引用内容也能随着题注更新而自动更新。如果将被引用对象删除，那么正文中交叉引用处就会提示“错误！未找到引用源。”，此时需要删除该交叉引用。通过这种方法，不仅可以交叉引用图、表、公式的编号，还能引用图、表、公式，甚至各级标题所在的页码、标题文本等内容。

如果遇到“8.1 交叉引用规范”中提到的引用多个连续的图（表或公式）时，直接插入最后一个图或表的题注只能得到“图 1.1 ~图 1.3”这样的效果，这种形式显然不符合引用的要求。因此，需要采取一定处理方法才能实现所需效果。

首先选中需要连续引用的最后一个图（表或公式）的编号（不要选中其标签和标题），单击【插入】-【链接】-【书签】选项，将所选内容保存为书签①。引用时先交叉引用第一个图（表或公式）的题注，引用类型为“图（表或式）”，然后输入“~”，最后交叉引用最后一个图（表或公式）的编号，引用类型为“书签”，引用内容为刚才新建的书签，这样可以实现“图 1.1 ~ 1.3”这样的效果。

①建议图、表的标签名设为图题或者表题，方便查找。在设置书签名时，书签名必须以字母和汉字开头，可以包含数字，但不能包含空格和标点符号。但是，可以使用下划线分隔单词，如“First_heading”。

如果公式的编号通过 AxMath 插入，那么公式的引用也需要利用 AxMath 插入。方法如下。

（1）将光标定位到想要引用公式的地方。

（2）单击【AxMath】选项卡，单击【插入引用】，引用点会出现一个黄色底纹的符号“（*）”，同时 AxMath 会打开一个提示对话框，单击【确定】按钮关闭该对话框，如图 8.2 所示。

（3）双击被引用公式的编号，引用点的“(*)”符号就变成了对应被引用公式的编号。

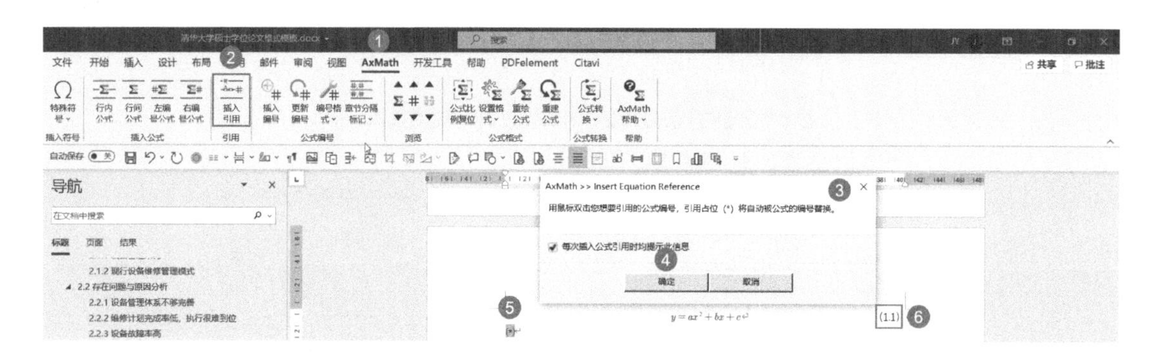

图8.2 利用AxMath引用公式

本书中参考文献的交叉引用是通过 NoteExpress 实现的，NoteExpress 的详细使用方法见“8.3 NoteExpress 的使用”，此处介绍当引文标注序号和正文并排时用 NoteExpress（简称“NE”）实现的方法，即“文献 [1] 采用某某方法”的实现方法。

方法一：选中 NE 插入的参考文献引文标注序号，然后单击图 8.3 所示的矩形框中按钮即可。

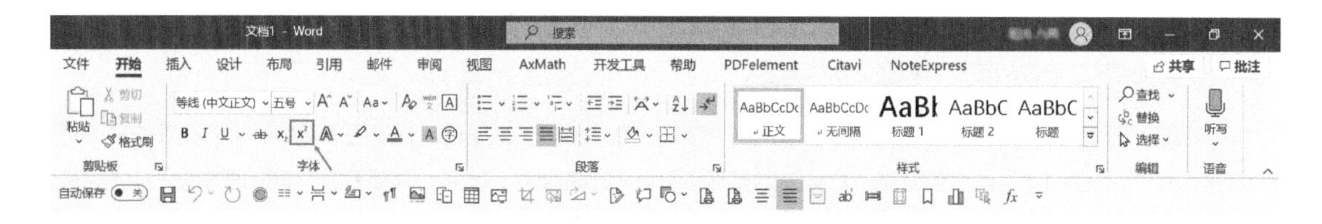

图8.3 设置上标修改引文标注序号

方法二：使用 NE 的参考文献样式备用模板。

首先，在 NE 中打开参考文献样式的备用模板功能。

a. 单击 NE 菜单栏【工具】，然后单击【样式】-【样式管理器】选项，打开【样式管理器】对话框。

b. 找到并双击打开欲编辑的参考文献样式，打开【样式编辑器】，单击左侧【引文】下的【备选模板】。

c. 勾选右侧【使用备选模板】复选框，打开参考文献样式的备选模板功能，如图 8.4 所示。

d. 按照所示步骤单击【Chinese】选项卡，添加备注模板字段、前缀、后缀和引文分隔符等内容，然后单击【English】选项卡重复上述步骤。

正常引用参考文献后，其显示效果如图 8.5 所示。

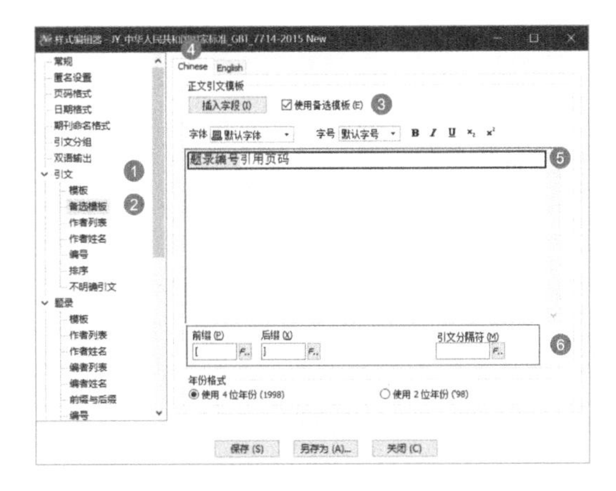

图8.4 NE引文样式备选模板

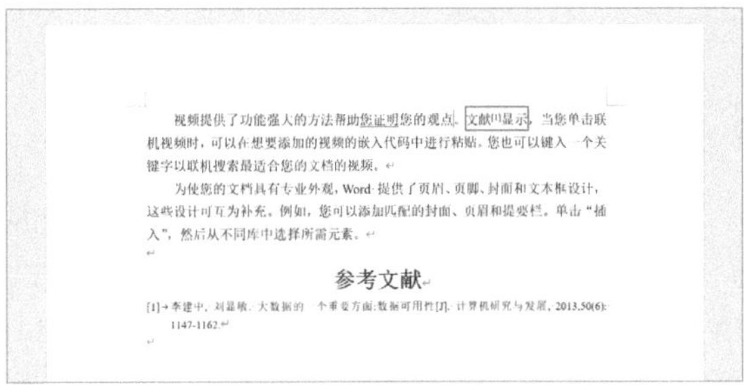

图8.5 正常引用参考文献

然后，在 Word 中编辑需要和正文并排的引文。

a. 确定参考文献应用的样式是刚才设置的样式。

b. 单击欲编辑的引文标注序号。

c. 单击【NoteExpress】-【编辑】-【编辑引文】，打开图 8.6 所示的【编辑引文】对话框，勾选【使用备选模板】复选框即可。

最后的结果如图 8.7 所示。

图8.6 编辑引文样式

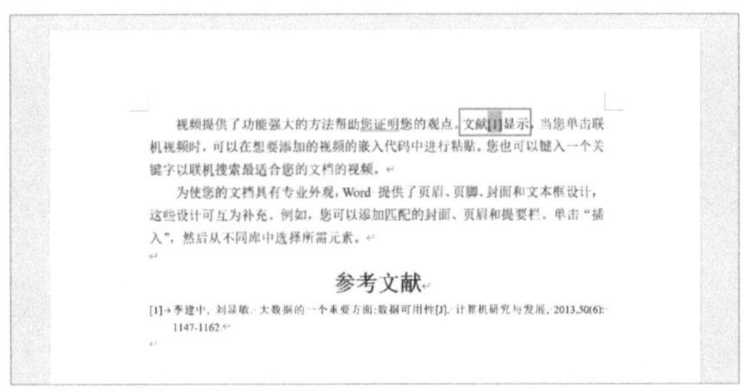

图8.7 参考文献引用效果

这种方法的优点是同一篇文献不同页码中的内容在文档中多处引用需要标注参考文献的引用页码进行区分时，可以在【编辑引文】对话框里手动输入各自的引用页码进行标注。

8.3 NoteExpress 的使用

文献管理软件有许多，较为出名的就是 NoteExpress，其使用习惯、与知网搭配使用都更方便一些。而且许多国内高校都购买了 NoteExpress 的集团版，在校学生可以免费下载使用。学会使用 NoteExpress 管理、插入参考文献，将大大提高论文排版的效率。

8.3.1 NoteExpress简介

NoteExpress 是一款文献管理软件，使用 Word 撰写论文时可利用 NE 快速插入符合要求的参考文献索引。我认为，这也是我们使用这类软件最基础、最本质的需求。有了这个工具，撰写论文时不必再手动逐字逐句编排每一条参考文献引文和文本，当参考文献在文中引用的顺序发生改变后，也不必逐一手动更改引文编号顺序，NE 会自动更新参考文献的引文编号。总之，使用 NE 可以帮助用户从手动编辑与管理文献的繁重工作中解脱出来，大大提高论文撰写的效率。

8.3.2 新建与备份恢复文献数据库

NE 安装完毕后首次启动会打开自带的【示例数据库】，该数据库存放在【我的文档】目录下。正式使用时建议另建新的数据库，并选择好数据库存放的路径。新建文献数据库和设置附录文件保存的方法如图 8.8 和图 8.9 所示。

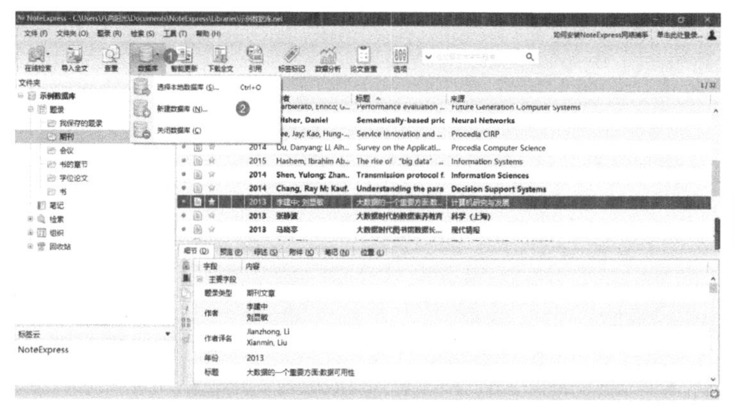

图8.8 新建数据库

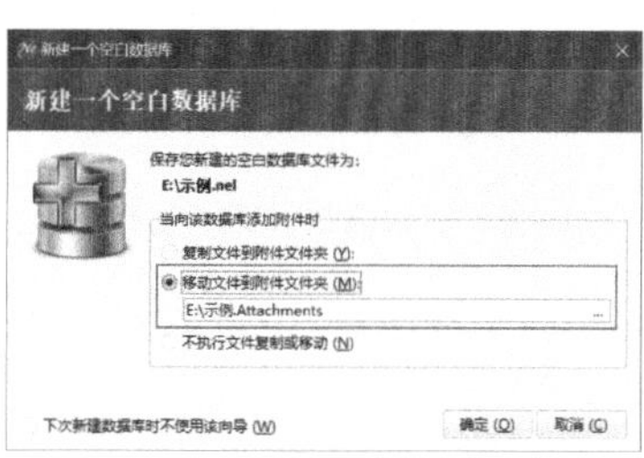

图8.9 设置附录文件保存方法

（1）单击工具面板中的【数据库】，然后选择【新建数据库】，会打开选择保存数据库地址的对话框，根据个人情况选择保存路径，此时会在该路径中新建一个扩展名为“.nel”的文件，此文件即为新建的数据库文件。但是该文件中并没有参考文献全文，全文实际上是保存在和该文件同一级的以“.Attachments”结尾的文件夹（附件文件夹）中。

（2）之后 NoteExpress 会打开图 8.9 所示的对话框，这个对话框用于引导用户设置保存附录文件的方法，即选择参考文献全文保存到附件文件夹中的方法。首次打开该对话框时默认是【复制文件到附件文件夹】，笔者更偏爱将其改为【移动文件到附件文件夹】，即将附件剪切后粘贴至附件文件夹。

随着 NoteExpress 的使用，下载保存的参考文献会越来越多，此时可以对 NoteExpress 数据进行备份，以免出现意外情况时个人资料丢失。NoteExpress 备份一共需要备份 3 个文件，除了刚才提到的扩展名为“.nel”的数据库文件和附件文件夹这两个文件外，还有一个记录用户样式文件、用户在线数据库等内容的 NoteExpress 配置文件。该配置文件的备份方法如下。

（1）右键单击 NE 快捷方式，选择【打开文件所在的位置】，在打开的地址中双击绿色图标所示的“配置文件备份工具”，即可打开图 8.10 所示的对话框。

（2）勾选需要备份的内容的复选框，单击【开始备份】按钮，选择备份地址，即可完成 NE 配置文件的备份。

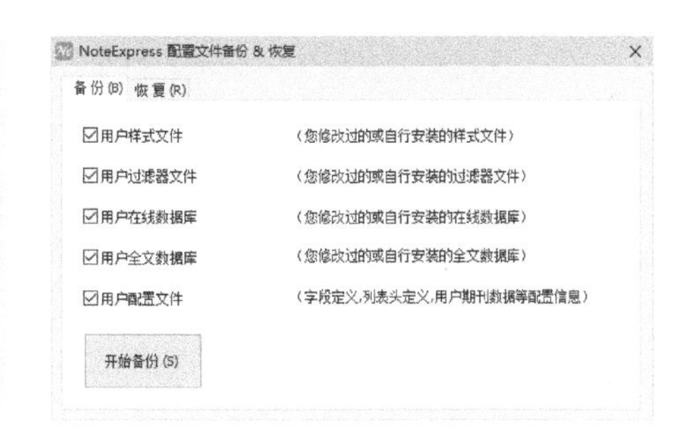

图8.10 NE配置文件备份与恢复

当需要恢复数据库时，先将数据库文件和附件文件夹保存在同一地址下，然后双击打开数据库文件，再修复附件文件的链接，具体操作步骤如下。

（1）双击以前备份的数据库文件，将数据库加载到 NoteExpress 里。

（2）单击【工具】-【附件管理器】选项，可以打开图 8.11 所示的 NE【附件管理器】对话框。

（3）在对话框中选中【修复链接】，将【在指定位置查找文件】设为【指定一个文件】，选择备份的附件文件夹后，单击【开始】按钮即可修复附件的链接。

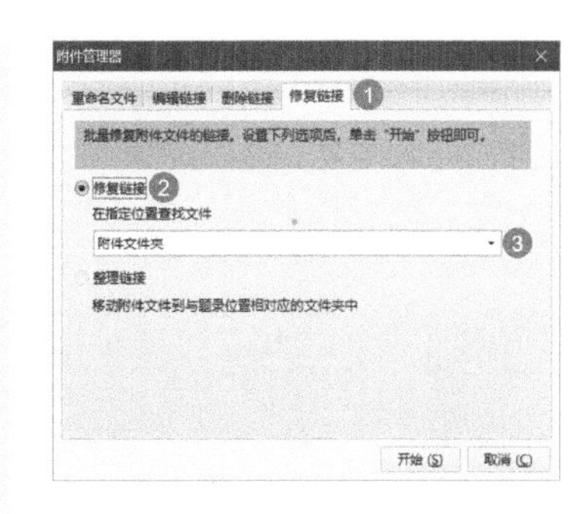

图8.11 【附件管理器】对话框

8.3.3 NoteExpress收集数据

数据库创建完成后，默认情况下在 NE 主界面左侧会显示创建后的数据库，如图 8.12 所示。

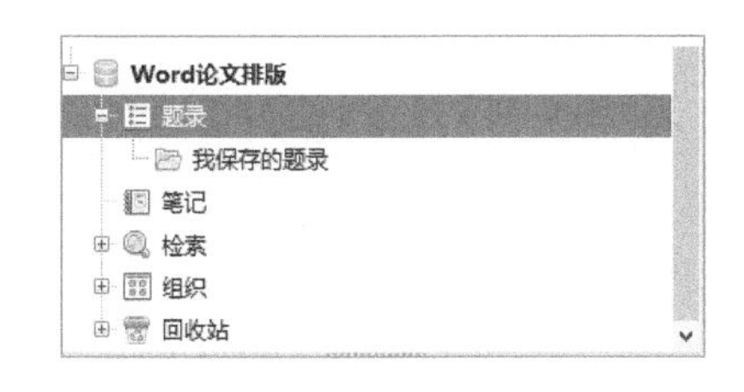

图8.12 数据库结构

该数据库的结构一共包含 5 个内容，即题录、笔记、检索、组织、回收站。在 NE 中题录是指参考文献的作者姓名、参考文献标题、出版日期等信息，每一篇参考文献都拥有一条题录。这些题录从网上导出后，可以导入 NE 的【题录】，然后按照一定的要求又可以用 Word 插入论文。

选中【题录】文件夹后，右键单击可以创建分级文件夹，新建的题录可以保存至这些文件夹里，新建题录的方法有很多，本书介绍两种方法。

第一种方法是以知网为例，先从知网导出题录，然后再导入 NE 文件夹。具体操作方法如下。

（1）在知网里检索有关参考文献的复选框，然后勾选需要的参考文献的复选框，单击【导出 / 参考文献】按钮，如图 8.13 所示。

（2）然后会打开图 8.14 所示的页面，其左侧为导出的题录格式，在此选择 NoteExpress 格式。单击 NoteExpress 后，右侧会有几种导出题录的形式，笔者更喜欢使用【复制到剪贴板】，因此单击【复制到剪贴板】按钮。

（3）回到 NE，选中想要导入题录的文件夹并右键单击，选择【导入题录】后会打开【导入题录】对话框，如图 8.15 和图 8.16 所示。因为选择【复制到剪贴板】的方式从知网导出题录，所以此时选中【来自剪贴板】，然后单击【开始导入】按钮即可导入需要的参考文献题录。

图8.13　检索参考文献

图8.14　导出NE格式题录

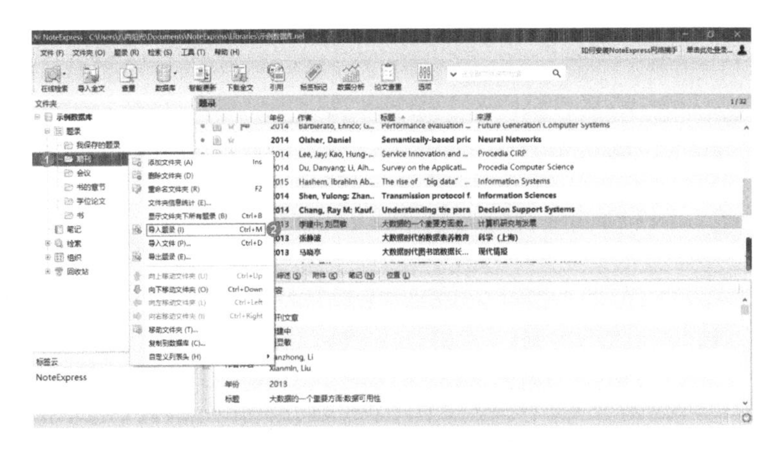

图8.15 打开【导入题录】对话框

图8.16 【导入题录】对话框

实际上此时导入的仅仅是题录信息，并没有参考文献全文，如果是付费版 NE，可以单击工具面板上的【下载全文】按钮，即可下载对应的参考文献全文，但免费版 NE 则没有这个功能。因此，免费版用户需要先从知网下载参考文献全文，然后在图 8.15 所示的第 2 步中单击【导入文件】选项来导入下载的参考文献全文，再选择数据库匹配和更新对应的题录信息。

第二种新建题录的方式是自行创建。单击菜单栏【题录】会打开一个菜单，单击该菜单中的【新建题录】选项，然后选择题录类型，输入有关信息即可手动创建一个新的题录。

8.3.4 NoteExpress管理题录

通过上述方法导入文献题录后，基本生成了个人数据库。接下来需要对纷繁的题录进行整理，为下一步的研究设计或文章撰写打好基础。NE 提供的题录管理方法有很多种，本书简单介绍其中几种以供参考。

（1）修改题录。

有时候导入的题录信息可能不完整或者存在错误，需要进行修改，这时既可以利用 NE 链接数据库自动匹配修改，也可以自己手动修改，还可以将两者结合起来使用。

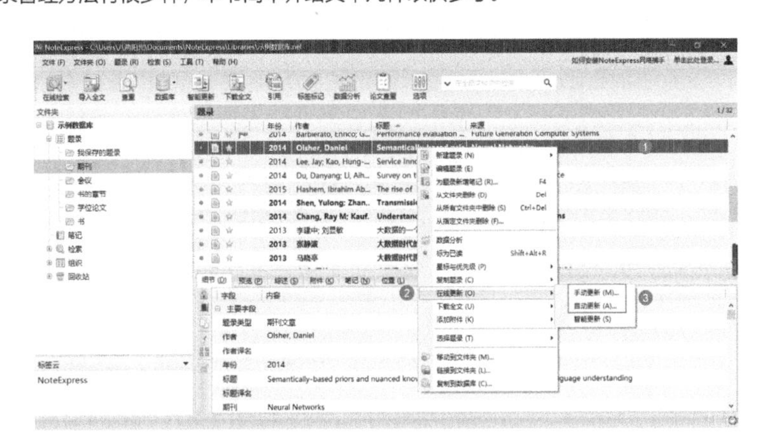

图8.17 利用NE自动修改题录

利用自动修改题录方法如下。

a. 选中需要修改的题录，然后单击鼠标右键，会打开图 8.17 所示的菜单。

b. 选择【在线更新】，然后选择【手动更新】或者【自动更新】，之后会打开相应的对话框，根据对话框提示进行操作即可自动更新题录。

使用该方法有时仍不能按照自身需求正确修改题录，如给题录添加译文，这时候便需要手动修改题录，方法是双击需要编辑的题录，可以打开图 8.18 所示的窗口，根据实际情况编写有关内容，然后保存即可。

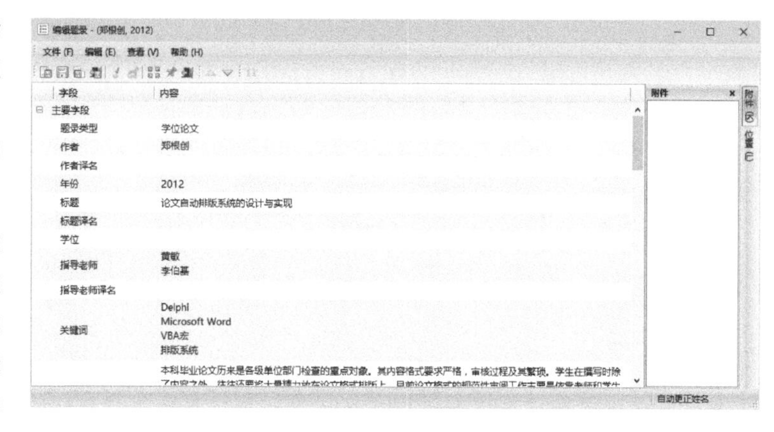

图8.18　编辑题录

（2）查找重复题录。

经过多次导入后，文件夹中可能存在重复的题录，此时需要将重复的题录查找出来并删除。方法很简单，单击工具面板上的【查重】，会打开【查重】对话框，设置好【待查重文件夹】、【待查重字段】等内容后即可开始查重。查找完毕后，NE 会将重复的题录用蓝色底纹标注出来，右键单击任意一条蓝色底纹标注的题录，选择【删除】即可将重复的题录从 NE 中删除掉。

（3）虚拟文件夹。

在同一数据库中，一条题录可能同时分属不同的文件夹，此时可以采用虚拟文件夹功能链接到其他文件夹。方法很简单，先选中目标题录，然后右键单击该题录，在打开的菜单中选择【链接到文件夹】，然后会打开一个对话框，在该对话框中选择要链接的文件夹，单击【确定】按钮即可将该题录链接到其他文件夹。

（4）附件管理。

NoteExpress 提供了强大的附件管理功能，支持任意的附件格式，如常见的 PDF、CAJ、Word、Excel、视频、音频文档、文件夹、URL 等格式，而且同一条题录还支持添加多个附件。这样，文献题录信息就会与全文信息关联在一起。添加了全文附件的题录，可以在题录相关信息命令栏看到一个回形针标志，单击回形针，可以迅速打开附件，如图 8.19 所示。

图8.19　附件管理

如果 NE 中已经添加了参考文献的题录，同时计算机本地也下载了参考文献全文，也可以将题录和参考文献全文关联在一起。

对于单个文件及其题录的关联，可以单击图 8.19 所示的题录相关信息命令栏上的【附件】选项卡，然后在下方空白处单击鼠标右键，在打开的菜单中选择【添加】-【文件】选项，选择下载的参考文献全文，即可将参考文献全文和题录信息关联在一起。

如果是多个文件及其题录的关联，可以单击 NE 菜单栏中的【工具】，选择【批量链接附件】，可以打开图 8.20 所示的【批量链接附件】对话框，选择需要匹配的题录文件夹和参考文献全文所在的地址，单击【开始】按钮即可开始自动匹配。

图8.20 【批量链接附件】对话框

8.3.5 重命名题录附件

有时候从数据库下载的参考文献全文，其文件命名比较混乱，如果直接链接至题录会给后期的文献管理带来不便，而手动修改又费时费力，那么此时需要使用 NE 的批量重命名方法将这些附件的名称按照统一的规范批量重新命名。具体方法如下。

（1）选中 NE 主界面左侧任意一个分类管理文件夹，在 NE 菜单栏单击【工具】-【附件管理器】选项，打开图 8.21 所示的【附件管理器】对话框。

（2）设置附件按照统一的规则重命名，NE 默认按照题录的文献标题重命名。修改图 8.21 中的【来源字段】，可以打开【字段列表】对话框，重新指定新的字段内容作为文件名。

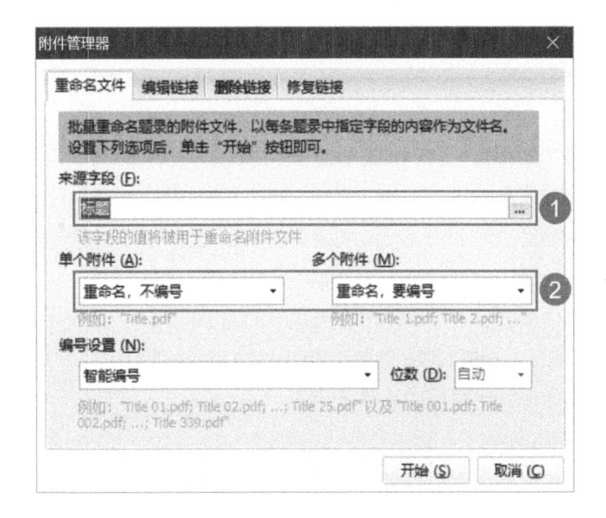

图8.21 用附件管理器重命名附件

8.3.6 用NoteExpress插入参考文献

（1）用 NE 插入参考文献的常规方法。

利用 NE 导入参考文献题录信息，并将之与参考文献全文链接在一起，阅读文献的时候可以直接在 NE 上打开参考文献全文，如果觉得文献比较重要可以做好标识。在撰写论文时打开 NE，将光标定位至需要插入参考文献的位置，单击 Word 上的【NoteExpress】选项卡，然后单击【转到 NoteExpress】①可以转到 NE 主界面，选择需要引用的参考文献题录，然后单击工具面板上的【引用】，即可将参考文献插入 Word 中，NE 插入参考文献完毕后又会自动转到 Word。

在使用 NE 插入参考文献时，NE 会在引用点自动生成文中标引，并在论文最后生成参考文献的文末列表和校对报告②，从校对报告中可以实时看到插入的参考文献是否缺少字段信息。

不过 NE 生成的文中标引和参考文献列表可能并不符合需求，因此还需要格式化参考文献。NoteExpress 内置了多种国内外学术期刊、学位论文和国标的参考文献格式规范，单击【NoteExpress】选项卡，在【编辑】组中单击【格式化】，打开图 8.22 所示的【格式化】对话框，单击【浏览】按钮选择需要的参考文献样式即可。

（2）将用 NE 插入过参考文献的文档复制并粘贴至新文档的方法。

用 Word 撰写文档并用 NE 插入参考文献的时候可能会遇到这样一种情况，即用 Word 撰写了一部分材料，并且用 NE 插入了有关参考文献，此时需要将其复制、粘贴到另一个 Word 文档中。如果遇到这种情况需要同时将两个 Word 文档都打开，同时还要打开 NE，然后直接将要复制的内容选中，但不能选中原文档中 NE 在文末生成的参考文献列表和校对报告，再将复制的内容粘贴到新的 Word 文档里，此时 NE 会自动将原文档中插入的参考文献一起粘贴至新的 Word 文档内，但是需要在新文档内单击【NoteExpress】选项卡，然后单击【格式化】，被复制过来的参考文献引文才能和新文档内原有参考文献引文合并在一起。

图8.22 格式化参考文献

①将【转到NoteExpress】添加至快速访问工具栏后可以直接单击快速访问工具。
②如果文末没有生成校对报告，需要打开图8.22所示的【格式化】对话框，勾选【生成校对报告】复选框。

（3）双语输出参考文献。

用 NE 插入参考文献时还可能遇到要求参考文献列表使用双语编排的情况，这种情况以期刊论文编排较多。NE 提供了强大的双语参考文献输出功能，此时可以借助 NE 编排双语输出的参考文献列表。但是需要强调的是，NE 的双语输出功能主要用于辅助编排双语参考文献列表的排版样式。该功能目前只支持作者中文姓名的自动翻译，而且作者中文姓名的译名的缩写是由英文模板的作者缩写控制的，如果作者中文姓名的译名需要其他输出方式，如“LiuLu-Jing”，需要在作者译名字段中手动输入“LiuLu-Jing”，注意作者译名要添加引号，它不支持自动翻译整个参考文献列表，因此期刊译名、标题译名等译名字段需要用户自己翻译，然后双击题录打开【编辑题录】对话框将翻译的译名填入对应的字段。

使用NE双语参考文献功能的方法如下。

a. 单击 NE 菜单栏中的【工具】，然后单击【样式】-【样式管理器】选项，打开【样式管理器】窗口，如图 8.23 所示。

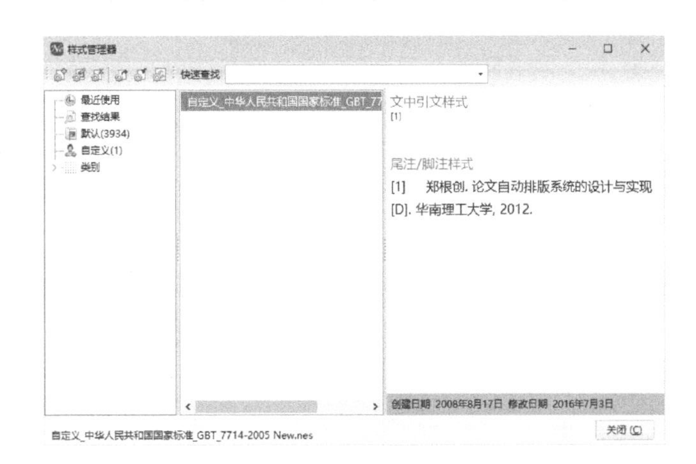

图8.23 【样式管理器】窗口

b. 选择使用的参考文献样式，双击该样式打开【样式编辑器】，如图 8.24 所示。

c. 在【样式编辑器】左侧单击【双语输出】，然后在右侧勾选【开启双语输出功能】复选框，即可开启 NE 的双语输出功能。

图8.24 样式编辑器

（4）将参考文献列表以脚注形式列于每页页底。

上述所说的几种方法都是将参考文献列表统一编排在文档末尾，然而有时候我们需要的是将其以脚注的形式编排在每页页底。这种情况需要在 NE 的【样式编辑器】中打开脚注形式的参考文献列表功能，如图 8.25 所示，在左侧【题录】栏单击【脚注】，然后勾选右侧的【生成脚注而非尾注】复选框，勾选后会激活其下三栏功能，根据需要简单进行设置即可。勾选后，插入参考文献，其参考文献列表编排效果如图 8.26 所示。注意文中参考文献引文编号有一个特点，带方括号的编号之前还有一个未带方括号的编号，这是因为我们在 Word 中打开了显示编辑标记，如果打开隐藏编辑标记，带方括号之前的编号便不再显示。

图8.25 打开脚注形式题录功能

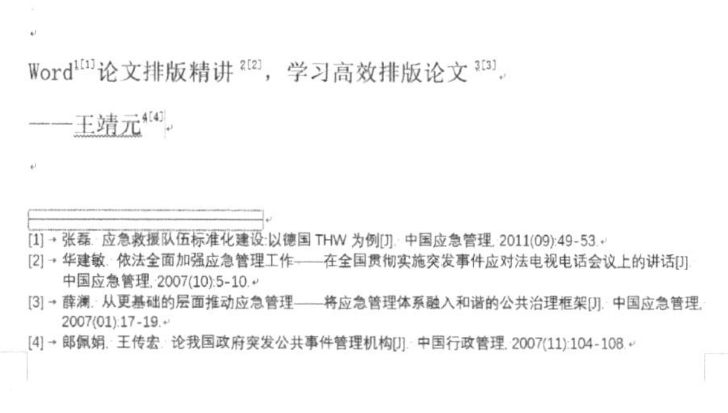

Word1[1]论文排版精讲 2[2]，学习高效排版论文 3[3]。

——王靖元4[4]

[1] → 张磊. 应急救援队伍标准化建设:以德国 THW 为例[J]. 中国应急管理, 2011(09):49-53.
[2] → 华建敏. 依法全面加强应急管理工作——在全国贯彻实施突发事件应对法电视电话会议上的讲话[J]. 中国应急管理, 2007(10):5-10.
[3] → 薛澜. 从更基础的层面推动应急管理——将应急管理体系融入和谐的公共治理框架[J]. 中国应急管理, 2007(01):17-19.
[4] → 郎佩娟, 王传宏. 论我国政府突发公共事件管理机构[J]. 中国行政管理, 2007(11):104-108.

图8.26 脚注形式参考文献列表

需要注意的是，图 8.25 中箭头所指位置也是【脚注】，从图 8.25 中不难发现，NE 的【样式编辑器】中居然有两个【脚注】，一个在【题录】栏中，另一个在【注释】栏中①。事实上，如果列表输出样式保持一样，那么脚注形式的参考文献列表和注释列表的编排效果是相同的。因此，为了避免冲突，NE 不允许同时使用参考文献列表和注释列表的脚注。如果同时打开参考文献列表的脚注和注释列表的脚注功能，会打开图 8.27 所示的对话框。

专门设置注释列表，是为了解决参考文献列表位于文档末尾时某些页面仍需要添加脚注对正文进行解释说明的情况。此时不能打开参考文献列表的脚注功能，但是需要打开注释及其脚注功能，详细讲解见“8.3.7 NoteExpress 插入注释”。

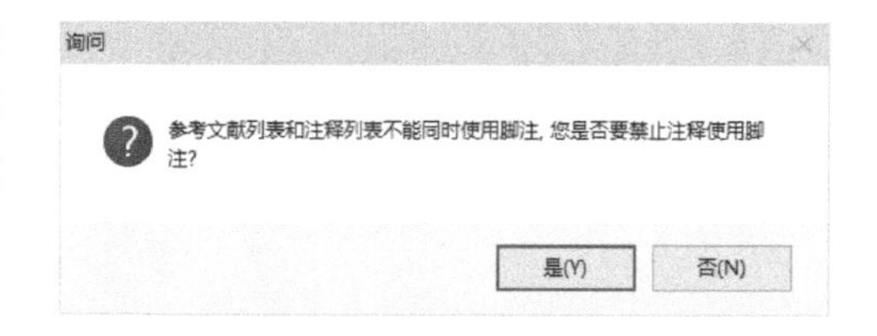

图8.27 禁止同时使用参考文献列表和注释列表脚注

①为了区分两者，我们将【题录】控制的列表称为【参考文献列表】，将【注释】控制的列表称为【注释列表】。

8.3.7 NoteExpress插入注释①

有时候在文档末尾生成总的参考文献列表的同时，可能在文档中某些页面需要以脚注的形式标注某些参考文献作为注释。这种情况可以借助 NE 进行解决，插入方法和插入参考文献类似，只不过在 Word 中插入参考文献时单击的是【NoteExpress】选项卡的【引用】组中的【插入引文】按钮，而插入注释时单击的则是【插入注释】按钮②。

使用 NE 插入注释的重点是，确保使用的参考文献输出样式已经打开【生成注释列表】和【注释】组中的【脚注】功能并预先定义好了注释的输出格式，不然无法使用 NE 插入注释。打开并设置 NE 注释功能的具体操作方法如下。

（1）打开图 8.25 所示的【样式编辑器】对话框，在左侧单击【注释】，然后勾选右侧的【生成注释列表】复选框，即可打开 NE 的注释功能。

（2）单击【注释】栏下的【脚注】，勾选右侧的【生成脚注而非尾注】③复选框。

（3）打开 NE 注释功能后，单击【注释】栏下的【模板】，用户可以根据自己的需要，首先选择【题录类型】，然后再选择合适的字段插入，制作注释列表的参考文献输出格式。另外，用户也可以根据需要从【注释】栏的树形结构中对作者和编号等信息进行自定义设置。

设置完成后即可在文档中用 NE 给正文添加注释，但是如果添加的注释是用户自己用于解释的一段话而不是注释的参考文献，则无法用 NE 进行添加。而且用 NE 的注释功能添加脚注，脚注的编号设置不是十分灵活。因此，笔者在使用的过程中更喜欢使用 Word 自带的脚注和尾注功能。

当添加的脚注或者尾注是参考文献题录信息时，在 NE 主界面的题录相关信息命令栏中单击【预览】选项卡，然后复制题录信息至脚注或者尾注位置即可。这样脚注既可以插入用户自定义的解释语句，也可以快速插入参考文献题录信息，而且无论编号的格式设置、起始编号设置及每页重新编号，还是每节重新编号的设置，都比用 NE 设置更加灵活。

---

①NE插入的注释以脚注的形式编排在当页页面之下，为了和脚注形式的参考文献列表相区别，将其称为注释。

②如果在NE里撰写了笔记，选中撰写的笔记，在Word中单击【NoteExpress】选项卡，再单击【引用】组中的【插入笔记】按钮，还可将撰写的笔记插入Word文档。

③参考文献列表本身已经以尾注的形式汇总于文档末尾，如果注释列表不勾选【生成脚注而非尾注】复选框，注释列表同样汇总于文档末尾便没有意义了。

8.4 插入目录

当论文撰写完毕后，需要在“目录”部分添加整个文章的目录，添加目录之前先简单介绍下目录的结构。目录具有多层结构，在 Word 中，从上层结构到下层结构分别称为 TOC 1、TOC 2、TOC 3（目录 1、目录 2、目录 3）……通常情况下，每一层目录中，左侧为各章节编号及其标题，中间为制表符前导符，右侧为对应的页码，如图 8.28 所示，图 8.28 中“1”表示该目录的层级为目录 1，“2”表示目录层级为目录 2，“3”表示目录结构为目录 3。目录 1、目录 2、目录 3 等各层目录都具有一个内置样式，样式名对应目录层次也称为目录 1、目录 2、目录 3 等。

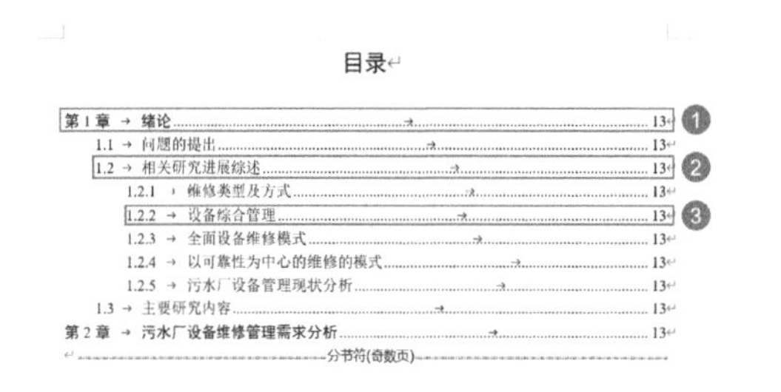

图8.28 目录结构

在设置样式的时候，如果对内置的目录样式进行了修改，那么插入目录时不必再次修改目录的样式。又因为 Word 默认的目录格式通常即为论文所需格式，所以也很少考虑修改目录的格式，那么此时插入目录只需要考虑一个问题，即需要将哪些内容放入目录之中。

这个问题在实际操作时，通常是利用样式来决定。单击【引用】选项卡，在【目录】栏中单击【目录】，在打开的菜单中选择【自定义目录】，打开【目录】对话框，单击其右下角【选项】可以打开图 8.29 所示的【目录选项】对话框。该对话框中左侧为论文中使用的有效样式，右侧为目录级别，找到需要加入目录的内容所应用的有效样式，根据其需要列入的目录级别在右侧输入框内分别填写阿拉伯数字 1、2 或 3①，不需要添加进目录的内容，需要删除输入框内的数字。单击【确定】按钮关闭对话框，Word 将自动在文中插入目录②。

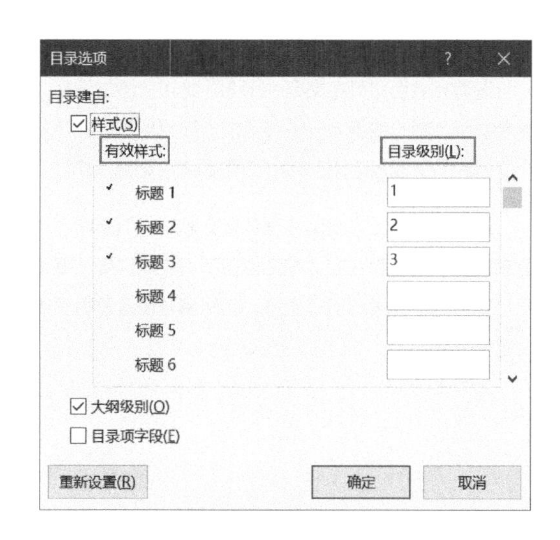

图8.29 【目录选项】对话框

①通常情况下目录只需要添加到三级即可。
②如果文中使用AxMath在各级标题处插入了分隔符标记，即使选择【隐藏分隔标记】，生成的目录中对应标题之后依然会显示该分隔符标记，解决方法见“6.2 插入AxMath分隔符标记”。

09

Chapter

第 9 章 论文的修改与输出

论文撰写完毕后常常需要进行反复修改，有时候修改论文时可能还涉及多人合作，如导师审阅论文后提出修改意见。以往常见的方法是将论文打印出来，用笔直接在纸上进行修改，然后再重新输入计算机；或者导出为 PDF 文档，在 PDF 文档上标注后，再重新输入计算机。其实，若能灵活运用拆分窗口、新建窗口、使用修订模式等，所有修订部分一目了然，而且效率会得到很大的提高。

另外，论文撰写完毕后需要进行打印。对于学位论文这类较长的文档而言，由于文档结构复杂，利用分节符设置了不同的节。打印时若只打印其中部分文档，打印方法与常规方法不同，需要先指定打印的节和在该节中的某些页。

学完本章后，读者们对论文的修改和输出的方式、方法、技巧都会有一个清晰的认识。

9.1 拆分窗口与新建窗口

在撰写学位论文等长文档时，有时候需要对比前后不同部分的内容，无论是反复拖动滚动条还是使用【导航】窗格定位都比较麻烦，这时候可以拆分窗口或者新建窗口。

单击【视图】选项卡，在【窗口】组有【拆分】按钮，单击【拆分】按钮即可将当前文档拆分成上下两个窗口。当鼠标指针放在各自的窗口内时，可单独移动、编辑该窗口内的内容。若不需要拆分，单击【取消拆分】按钮即可，页面会恢复原样。

如果需要新建窗口，单击【窗口】组的【新建窗口】选项，即可将同一个文档打开为两个独立的窗口。

9.2 论文修订模式

论文撰写完毕后通常需要进行多轮修改，尤其是有他人共同修改论文的时候，建议使用 Word 的修订模式和批注功能。

单击【审阅】选项卡，在【修订】组中单击【修订】按钮，如果出现阴影底纹表示修订模式已打开。此时在原文中进行修订，Word 里会显示修订的方式。如删除原文，在非修订模式下会直接删除原内容，而在修订模式下是给删除的内容添加删除线。这样在不同人员之间传递文档时，每一个人都可以直观地看到别人修订的内容，并且可以决定是否接受修订。如果接受修订，系统会按照新修订的文本显示原文；如果拒绝修订，系统会删除修订内容而保持原文不变。

9.3 给论文添加批注

不方便在原文中直接进行修改时，文档修订者也可以为文档添加批注。选中需要添加批注的内容，单击【审阅】选项卡，在【批注】组中单击【新建批注】按钮即可为文档添加批注。如果需要删除批注，选中该条批注，单击【批注】组中的【删除】按钮，即可删除该条批注。若单击【删除】按钮下的下拉按钮，可以选择删除所有显示的批注或者文档中所有的批注。

9.4 精确比较文档

如果文档修订者不是在修订模式下修改文档，收到文档后想要快速对比修订前后两个文档的差异，可以单击【审阅】选项卡，在【比较】组单击【比较】按钮，在打开的下拉列表框中选择【比较】，会打开图 9.1 所示的【比较文档】对话框。根据提示分别选择原文档和修订后的文档，单击【确定】按钮后 Word 默认会显示 4 个区域，分别为文档修订的地方、新建的比较文档、原始文档和修订的文档，如图 9.2 所示。

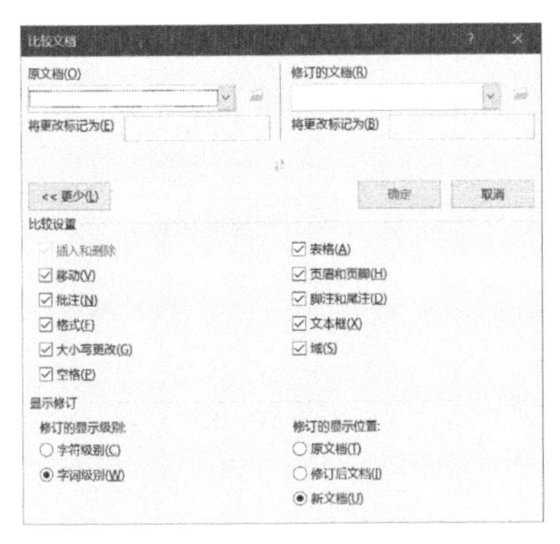

图9.1 【比较文档】对话框

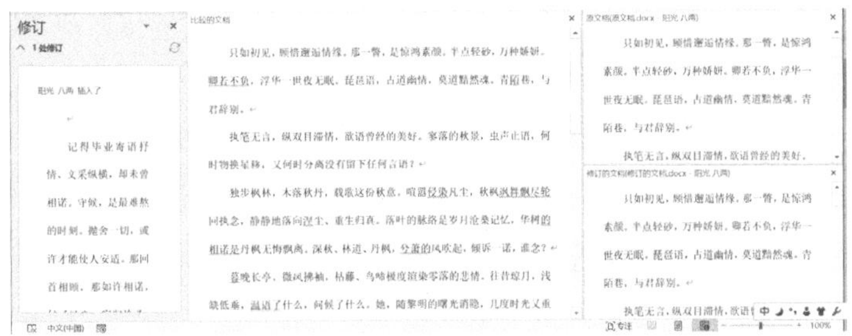

图9.2 修订的文档与原文档精确比较默认界面

根据是否同意修改调整新建的比较文档后，按【Ctrl+S】组合键保存该文档即可。

9.5 确认修订

无论是在修订模式下修改文档，还是在普通编辑模式下修改文档后，通过精确比较找到修订前后两个文档之间的差异，都可以在【审阅】选项卡下【更改】组单击【接受】或者【拒绝】按钮来确定是否修改文档。

在比较模式下，Word 会新建一个比较文档，同意文档是否修改后需要对该新建文档进行保存，该文档不会影响原文档和修订的文档的内容。而打开在修订模式下修订的文档，同意文档是否修改后保存则会改变修订后的文档的内容。

9.6 去除 NoteExpress 格式化

在撰写论文的过程中不能去除 NE 格式化，因为 NE 插入的参考文献本质上是一个域，通过 NE 可以方便地管理该域，如果删除 NE 格式化后，NE 插入的参考文献将不再是域，而且去除格式化后也不能重新恢复域代码，不利于论文的撰写和修订。

但是当论文撰写完毕后，则应该去除格式化，因为有时候需要使用别人的计算机打开自己撰写的论文，而别人的计算机不一定安装了 NE，打开论文后 NE 插入的参考文献域代码可能不能正常显示。去除格式化之后，NE 插入的参考文献引文和参考文献列表将变成普通文本。如果 NE 设置了生成校对报告，去除格式化之后还需要删除校对报告等多余内容。

因去除 NE 格式化之后不能恢复，为了避免以后再次修改论文时不便，强烈建议先另存一份未去除格式化的原始文档，再执行去除格式化操作。

9.7 论文打印

本节主要介绍全文打印、部分打印及虚拟打印的方法，通过学习本节可以应付绝大部分文档打印的场景。

9.7.1 Word直接打印全文

期刊论文很多时候是电子稿，因此很少考虑打印。即使需要打印，因为文档结构本身不是很复杂，所以打印方法也比较简单。

不过学位论文因为论文结构较为复杂，文档内容较多，所以打印会稍微麻烦一点。但如果先期采用分隔符对论文结构进行排版、布局，此时不必再考虑用插入空白页等方法调整论文的版面和布局，只需要直接使用双面打印即可，实际上也不会太复杂。

需要注意的是，学位论文篇幅较长，打印需要使用大量纸张，所以在打印前建议先预览一下最终打印效果，避免打印出来后才发现论文还需要调整而造成不必要的浪费。

9.7.2 转成PDF文档打印全文

很多时候我们撰写和编排论文使用的是自己的计算机，但是打印时使用的却是他人的计算机。而他人计算机上安装的 WPS 或 Office 可能与我们计算机上的版本并不相同，故打开我们撰写的论文时，虽然能够打开，但是版面可能会发生改变。尤其是使用 WPS 打开已编排好的论文时，经常会出现行间距不一样的情况。因此，为了确保版面不发生改变，可以先将论文输出为 PDF 文档再进行打印。

将 Word 文档输出为 PDF 文档的方法有两种，第一种方法是直接使用 Word 转变格式。具体方法如下。

（1）单击【文件】-【另存为】选项，打开【另存为】对话框，如图 9.3 所示，选择保存路径，然后将【保存类型】设为 PDF。

（2）单击【保存】按钮后即可将 Word 文档保存为 PDF 文档，但是生成的 PDF 文档没有类似 Word 文档中【导航】窗格那样的书签，阅读 PDF 文档时多少会存在一些不便。因此，还需要在图 9.3 所示的对话框中单击【选项】按钮，打开【选项】对话框，如图 9.4 所示。勾选【创建书签时使用】复选框，并选中【标题】，然后单击【确定】按钮关闭对话框，这样即可生成带书签的 PDF 文档。

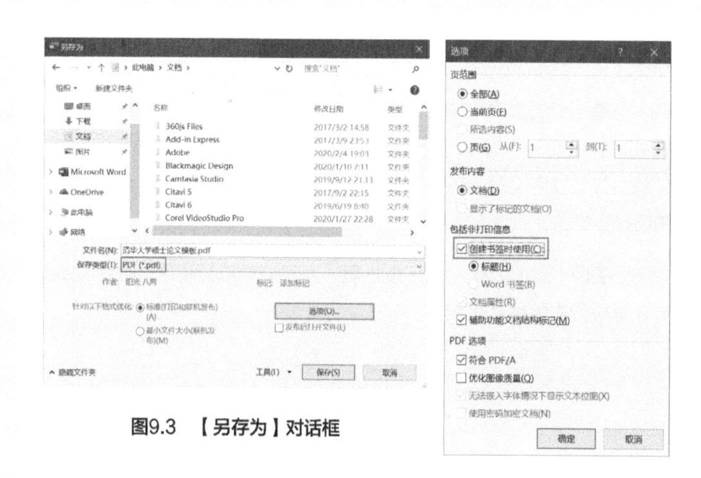

图9.3 【另存为】对话框

图9.4 【选项】对话框

第二种方法是使用 PDFelement 生成 PDF 文档。单击在 Word 上安装的 PDFelement 插件，如果【常规设置】组中的【创建书签】复选框没有被勾选，直接单击【创建 PDF】，生成的 PDF 文档同样没有书签。如果勾选【创建书签】复选框，则能生成带书签的 PDF 文档，如图 9.5 所示。

创建 PDF 文档后，打印时就可以直接使用 PDF 文档双面打印，这确保了文档版面不会再发生改变。

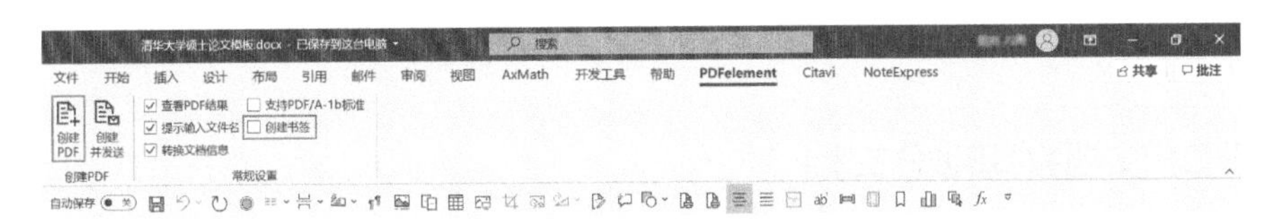

图9.5 用PDFelement输出PDF文档

9.7.3 Word打印部分文档

有时候可能只需要打印文档中的部分内容，而不是整篇文档，这时候在打印时需要自定义打印范围。单击【文件】-【打印】选项，打印范围默认是【打印所有页】，单击并更换为【自定义打印范围】，然后在【页数】输入框中输入要打印的页面范围，如图 9.6 所示。

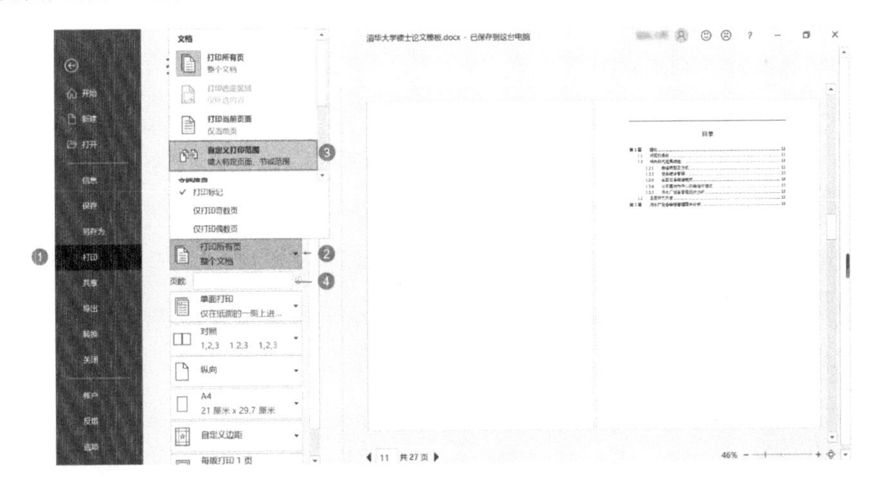

图9.6 自定义打印范围

Word 自定义打印范围【页数】输入框的输入规则如下。

（1）【页数】输入框中“s”表示节，“p”表示页数。打印时可以只指明节数，如“s5”表示打印第 5 节；也可以只指明页数，如“p2”表示打印第 2 页。只指明页数时可以不用加“p”直接输入数字，“p2”等同于 2；也可以同时指明节数和页数，但是输入时页数在前节数在后，如“p2s4”表示打印第 4 节第 2 页，注意此时“p2”是指该节的第 2 页，跟该页设置的页码无关。如果文档没有分节，打印时不必指明节数，但如果文档分多个节，打印时需要指明节数。

（2）英文半角连接符（-）表示打印连续的页数，如“2-15”表示打印第 2 页至第 5 页，“p2s3-p6s5”表示打印第 3 节第 2 页至第 5 节第 6 页；逗号（,）表示打印不连续的页数，如“2,15”表示打印第 2 页和第 15 页，“p2s3,p6s5”表示打印第 3 节第 2 页和第 5 节第 6 页。

9.7.4 PDF文档打印部分文档

如果 Word 文档已经保存为 PDF 文档，此时需要打印其中部分文档，打印时不论该文档在 Word 里是否分节，PDF 文档都不必再像 Word 文档一样指定节，直接按照 PDF 文档显示的页码打印即可。打印部分文档时的规则是英文半角连接符（-）表示打印连续的页数，逗号（,）表示打印不连续的页数。

9.7.5 虚拟打印文档

我们有时候只需要将 Word 文档中的部分内容保存为 PDF 文档，此时可以采用虚拟打印机打印。在 Word 里，先自定义打印范围，指定需要保存为 PDF 文档内容，然后选择打印机，如图 9.7 所示，选择该打印机打印，即可将 Word 文档中的部分内容保存为 PDF 格式。

如果文档已经全部保存为 PDF 文档，打开 PDF 文档后可以利用拆分文档功能将该文档不同部分的内容单独保存。

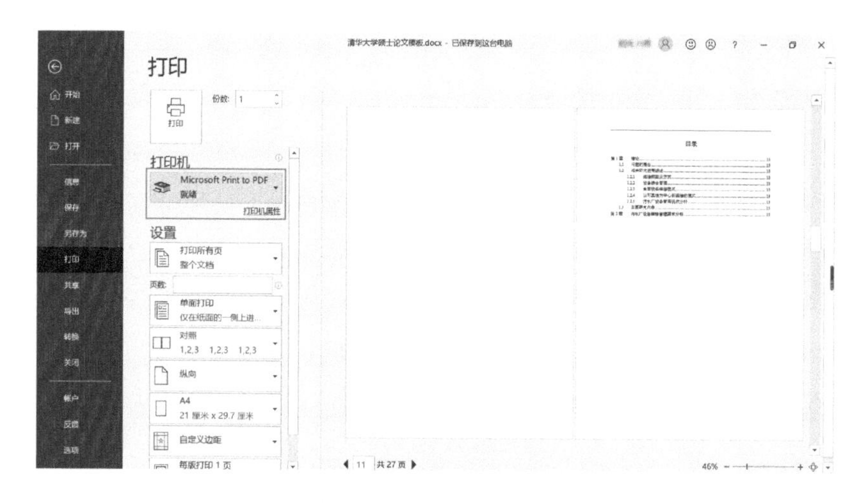

图9.7　虚拟打印部分文档内容

10

Chapter

第 10 章　查找和替换

查找和替换是 Word 中非常实用的一个功能，学会使用查找和替换可以快速更新 Word 中的文本、格式甚至排版等内容，其效率远高于手动进行查找并替换。通过学习本章，读者们可以掌握较为常见的查找和替换的方法。

10.1 查找和替换的模式

Word 提供了强大的查找功能和替换功能，其中查找功能又是使用替换功能的前提，也就是说可以单独使用查找功能，但是要使用替换功能必然要用到查找功能，先查找后替换是替换的基本原则。总体而言，笔者认为查找和替换的对象可以分为两个模块、三个方面：第一个模块是具体的内容，包括“学院”“天气真好！”、图片、表格、公式等文档中编写的普通内容和段落标记、制表符、域等特殊格式；第二个模块是格式，如字体、字号、行间距、样式，如表 10.1 所示。

表10.1 查找和替换的对象

两个模块	三个方面	示例
内容	普通内容	“学院”“天气真好！”、图片、表格、公式
	特殊格式	段落标记、制表符、域
格式	格式	字体、行间距、样式

查找和替换的模式分为两种，一种是普通模式，另一种是通配符模式①，其中使用通配符是 Word 中除了编写 Visual Basic 宏语言（Visual Basic for Applications,VBA）代码外完成各种复杂的查找和替换操作的高级模式。如果要真正发挥出 Word 强大的查找和替换功能，应该使用通配符模式。

打开【查找和替换】对话框，Word 默认情况下没有勾选【使用通配符】复选框，此时 Word 查找和替换属于普通模式，如果要使用 Word 的通配符模式，需要勾选【使用通配符】复选框，如图 10.1 所示。

图10.1 【查找和替换】对话框

①为了便于理解和记忆，笔者将查找和替换设为两种模式。勾选【使用通配符】复选框时认为是通配符模式，不勾选【使用通配符】复选框时认为是普通模式。

10.2 查找和替换的范围

默认情况下，对内容进行替换时，在【查找和替换】对话框的【搜索选项】中设置搜索范围（向上、向下、全部），单击【替换】按钮可以在搜索范围内一次替换一处内容，如果遇到不需要替换的内容可以单击【查找下一处】按钮跳过，也可以单击【全部替换】按钮将搜索范围内的内容全部替换。

如果只是希望替换文档局部的内容，首先要选中这部分文档，如某一段或者某一节，然后打开【查找和替换】对话框进行替换。因为只对选中区域进行了替换，替换完成后 Word 会打开图 10.2（a）所示的对话框，询问用户是否需要搜索文档的其余部分，如果单击【是】按钮，会打开图 10.2（b）所示的对话框，询问用户是否从头继续搜索，如果单击【是】按钮，Word 会从头搜索并进行替换。因此，在进行局部替换时打开该对话框后应该单击【否】按钮。

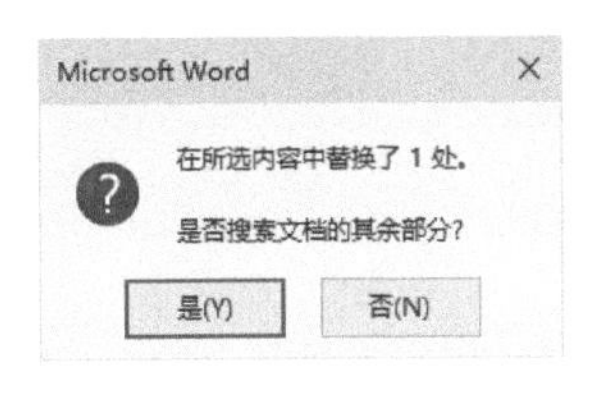

（a）是否搜索文档其余部分

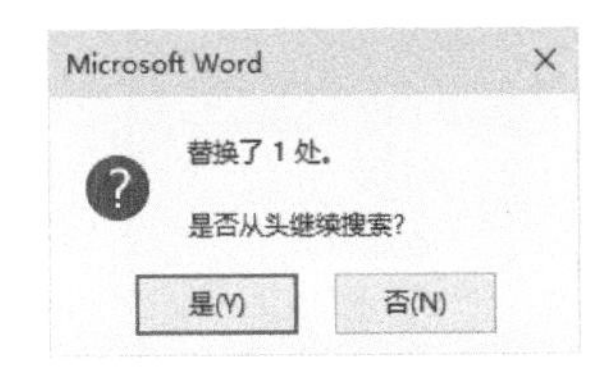

（b）是否从头继续搜索

图10.2 局部替换后的提示对话框

10.3 普通模式及通配符模式查找和替换的代码

普通模式和使用通配符模式下的查找和替换的代码如表 10.2 和表 10.3 所示。从中可以发现，在普通模式或者通配符模式下，许多查找、替换的代码其实是相同的，有的代码甚至无论是在普通模式中，还是在通配符模式中，其代码都一样。

这里强调一个较为特殊的代码——段落标记，在普通模式下段落标记查找和替换的代码都是“^p”；在通配符模式下，替换时的代码同样是“^p”，但是查找时的代码则只能是“^13”。在通配符模式下查找时如果输入“^p”，开始查找替换后会打开图 10.3 所示的对话框。

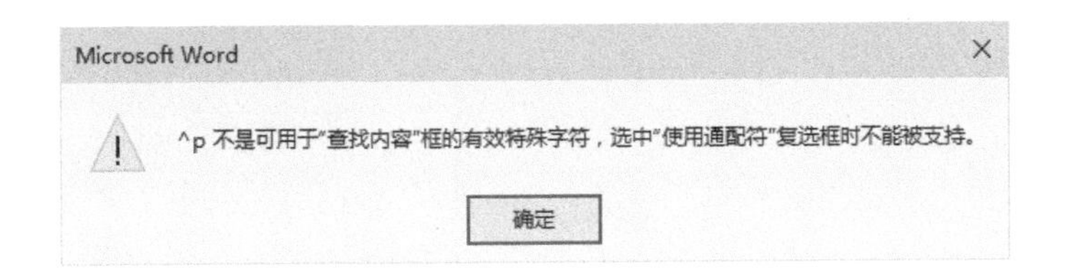

图10.3 段落标记代码使用警告

表10.2　普通模式下特殊格式查找和替换的代码

序号	查找		替换		序号	查找		替换	
	特殊字符	代码	特殊字符	代码		特殊字符	代码	特殊字符	代码
1	段落标记	^p	段落标记↵	^p	15	无宽可选分隔符	^x	无宽可选分隔符	^x
2	制表符	^t	制表符	^t	16	无宽非分隔符	^z	无宽非分隔符	^z
3	任意字符	^?			17	尾注标记	^e		
4	任意数字	^#			18	域	^d		
5	任意字母	^$			19	脚注标记	^f		
6	脱字号	^^	脱字号	^^	20	图形	^g		
7	§分节符	^%	§分节符	^%	21	手动换行符↓	^l	手动换行符↓	^l
8	¶段落符号	^v	¶段落符号	^v	22	手动分页符	^m	手动分页符	^m
9	分栏符	^n	分栏符	^n	23	不间断连字符	^~	不间断连字符	^~
10	省略号	^i	省略号	^i	24	不间断空格	^s	不间断空格	^s
11	全角省略号	^j	全角省略号	^j	25	可选连字符	^-	可选连字符	^-
12	长划线	^+	长划线	^+	26			剪贴板中的内容	^c
13	1/4 全角空格	^q	1/4 全角空格	^q	27			查找的内容	^&
14	短划线	^=	短划线	^=					

注：要查找已被定义为通配符的字符，要在该字符前输入\；查找？、*、（、）、[、]等的代码分别是\？、*、\(、\)、\[、\]。

表10.3　通配符模式下特殊格式查找和替换代码

序号	查找		替换		序号	查找		替换	
	特殊字符	代码	特殊字符	代码		特殊字符	代码	特殊字符	代码
1	任意单个字符	?			16	省略号	^i	省略号	^i
2	范围内的字符	[-]			17	全角省略号	^j	全角省略号	^j
3	单词开头	<			18	长划线	^+	长划线	^+
4	单词结尾	>			19	1/4 全角空格	^q	1/4 全角空格	^q
5	表达式	( )			20	短划线	^=	短划线	^=
6	非	[!]			21	无宽可选分隔符	^x	无宽可选分隔符	^x
7	重复前一字符或表达式 n 到 m 次	{n,m}			22	无宽非分隔符	^z	无宽非分隔符	^z
8	重复前一字符至少 1 次	@			23	图形	^g		
9	任意零个或多个字符	*			24	手动换行符↓	^l	手动换行符↓	^l
10			段落标记↵	^p	25	分节符/分页符	^m	手动分页符	^m
11	制表符	^t	制表符	^t	26	不间断连字符	^~	不间断连字符	^~
12	脱字号	^^	脱字号	^^	27	不间断空格	^s	不间断空格	^s
13			§ 分节符	^%	28	可选连字符	^-	可选连字符	^-
14			¶段落符号	^v	29			剪贴板中的内容	^c
15	分栏符	^n	分栏符	^n	30			查找的内容	^&

注：\n 中 n 表示表达式的序号。

10.4 查找和替换普通内容

查找和替换普通内容是指利用 Word 查找和替换文档中相应的字、词等文本内容，是查找和替换中最简单也最常用的方法。

10.4.1 查找普通内容

在【导航】窗格中有个搜索框，通过该搜索框可以查找文中普通的文本内容，如“DOTA”“英雄联盟”“王者荣耀”等，也可以查找图片、表格、公式、脚注 / 尾注和公式，如图 10.4 所示。也可以在【开始】选项卡的【编辑】组中单击【查找】或【替换】按钮，打开【查找和替换】对话框进行操作。

找到相应的内容后，Word 会在【导航】窗格搜索框下方显示找到的结果总数以及当前页面被查找到的结果的序号，并高亮标记存在查找对象的“标题”，如图 10.5 所示。如果查找的对象是普通文本，Word 还会在文档中高亮标记对应的文本对象，如果查找的对象是图片、表格或者公式等，Word 只会高亮标记【导航】窗格中的相应“标题”而不会高亮标记这些图片、表格等对象，不过单击查找结果数量右侧的按钮在查找到的对象间进行跳转时，这些对象会呈被选中状态。

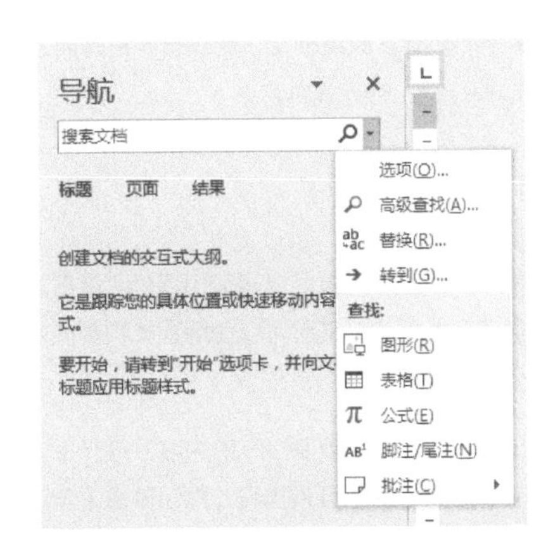

图10.4　【导航】窗格中的查找功能

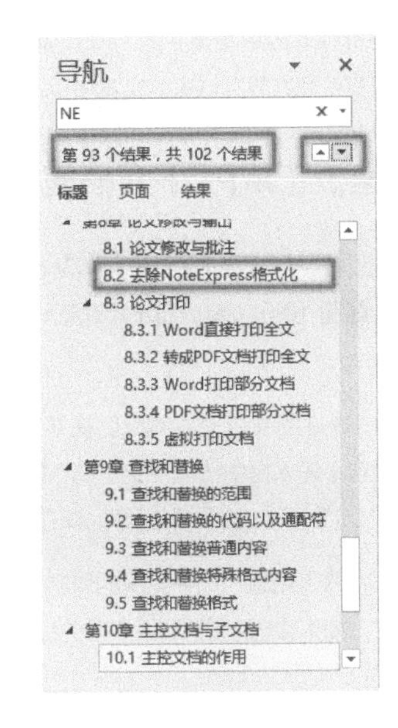

图10.5　查找结果

需要注意的是，在查找英文时 Word 默认情况下不会区分英文的大小写，如查找“DOTA”，默认情况下文档中像“dota”“Dota”“DOta”等格式的内容都会被找到。如果希望区分大小写，需要打开【查找和替换】对话框，单击左下角的【更多】按钮展开该对话框，在【搜索选项】中勾选【区分大小写】复选框。

10.4.2 替换普通内容

在【查找和替换】对话框中，单击【替换】选项卡，切换到【替换】功能，相对于【查找】选项卡，其下方多了一个输入框用于输入需要的替换目标内容。如在【查找内容】输入框中输入“英雄联盟”，然后在【替换为】输入框中输入“王者荣耀”，单击【替换】或【全部替换】按钮即可将“英雄联盟”替换为“王者荣耀”。

在查找时除了能查找到普通文本对象外，还能查找到图片、表格、公式等内容，但是替换时不能采用上述方法进行替换。查找到的图片、表格、公式等只是一种对象类型，每个类型中各对象之间的内容并不完全一样。可以将查找到的这个类型的对象删除或者替换成其他类型对象，但是很少有替换成同样类型的同一对象。

在替换图片时，可以单击需要被替换的图片，激活图片工具后单击【图片工具】-【格式】-【调整】-【更改图片】选项，或者直接单击快速访问工具栏上自定义添加的【更改图片】，选择目标图片进行替换。

相同样式、不同内容的表格的替换只能删除后重新绘制。

用 AxMath 添加的公式，双击该公式后重新编辑即可。

10.5 查找和替换特殊格式内容

查找和替换特殊格式内容是指利用 Word 查找和替换文档中的格式、段落标记、制表符等特殊内容，常见的有查找并替换从网页等其他地方复制过来的文本中存在的空格、手动换行符、空行等内容。

10.5.1 快速校正从PDF文档复制的内容

在撰写论文的过程中经常会从 PDF 文档复制有关内容到 Word 文档中，复制过来的内容有时候常常存在很多空格和手动换行符↓，如图 10.6 所示。如果手动逐一删除，效率是非常低下的，这时可以使用查找和替换功能快速替换有关内容。

首先将复制过来的内容中的空格删除。在 Word 文档中选中从 PDF 文档复制过来的内容，打开【查找和替换】对话框，在【查找内容】输入框中按一下空格键，在【替换为】输入框中不输入任何内容，然后单击【全部替换】按钮即可。如果弹出了图 10.2 所示的提示对话框，单击【否】按钮即可。

然后将手动换行符↓删除。选中同样的内容，在【查找内容】输入框中输入手动换行符↓的代码“^l”，然后单击【全部替换】按钮。如果弹出了图 10.2 所示的提示对话框，单击【否】按钮即可。所得结果如图 10.7 所示。

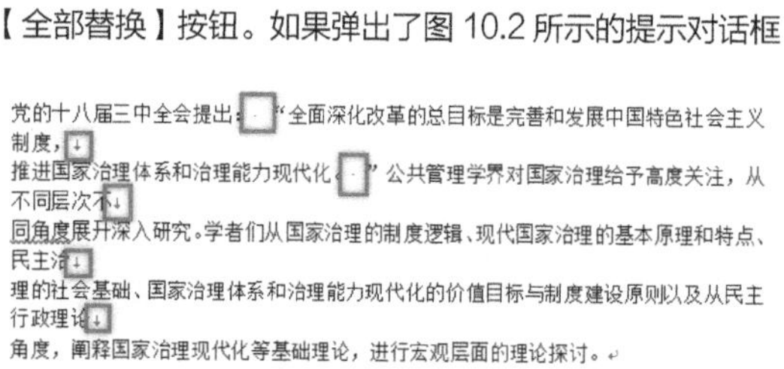

党的十八届三中全会提出： “全面深化改革的总目标是完善和发展中国特色社会主义
制度，↓
推进国家治理体系和治理能力现代化。 ”公共管理学界对国家治理给予高度关注，从
不同层次不↓
同角度展开深入研究。学者们从国家治理的制度逻辑、现代国家治理的基本原理和特点、
民主治↓
理的社会基础、国家治理体系和治理能力现代化的价值目标与制度建设原则以及从民主
行政理论↓
角度，阐释国家治理现代化等基础理论，进行宏观层面的理论探讨。↵

图10.6 从PDF文档复制的内容

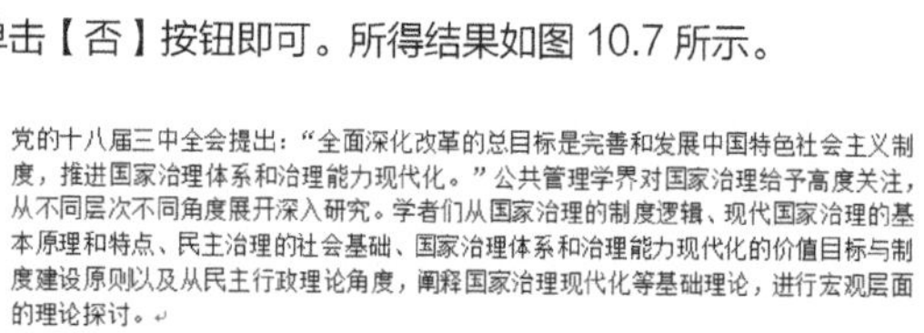

党的十八届三中全会提出：“全面深化改革的总目标是完善和发展中国特色社会主义制度，推进国家治理体系和治理能力现代化。”公共管理学界对国家治理给予高度关注，从不同层次不同角度展开深入研究。学者们从国家治理的制度逻辑、现代国家治理的基本原理和特点、民主治理的社会基础、国家治理体系和治理能力现代化的价值目标与制度建设原则以及从民主行政理论角度，阐释国家治理现代化等基础理论，进行宏观层面的理论探讨。↵

图10.7 查找和替换后的结果

有时候从 PDF 文档复制到 Word 中的内容，其标点符号中可能还夹杂着一些英文标点符号，这时还需要将英文标点符号转换成中文标点符号。使用查找和替换可以进行替换，但是目前笔者只知道一种标点符号一种标点符号的替换，如先将英文的逗号替换成中文的逗号，然后再将英文的引号替换成中文的引号，如此重复操作直到所有英文标点符号都替换成中文标点符号。

这种方法可行，但是效率依然低下，容易出错，使用 VBA 编程同样可以实现，笔者推荐使用 Word 必备工具箱操作。选中从 PDF 文档复制的内容，单击【工具箱】选项卡，然后单击【常用工具】组的【中文标点】即可。

10.5.2 批量删除空白段落

从外部复制有关内容并导入 Word 时可能会产生大量的空白段落，如果文档很长，手动删除时会非常麻烦，此时可以考虑使用查找和替换删除。

使用 Word 可知，一个段落标记对应一个段落，空白段落只有段落标记，没有实际内容。各段落之间产生空白段落，可以看成具有实际内容段落的段落标记之间具有至少一个没有实际内容的段落标记，删除这些没有实际内容的段落标记即可删除空白段落。假设两个有实际内容的段落之间具有一个空白段落的段落标记，上一段的段落标记和空白段的段落标记是连在一起的，如果能将这两个段落标记替换成一个，空白段自然也就删除了。

因此，使用查找和替换功能的操作如下。

因为普通模式下即可实现，所以使用普通模式。

【查找内容】中的代码为 ^p^p。

查找相连的两个段落标记。

【替换为】中的代码为 ^p。

将相连的两个段落标记替换为一个段落标记。

实际上两个具有实际内容的段落之间的空白段落可能不止一个，即空白段落标记可能不止一个，因此需要重复上述步骤，直至 Word 提示替换为 0，才表示已将文档中所有空白段落删除。

10.5.3 快速对齐选择题选项

在查找和替换中如何输入相应的代码是一个关键问题，此处以选择题中选项的编排为例进一步解释输入代码的思路。

假设已经在 Word 里编写了图 10.8 所示的选择题，其 ABCD 四个选项分四行排列，现要求：

（1）每道题的编号和题目文本之间相隔 2 字符；

（2）A 选项应与题目文本首字对齐；

（3）ABCD 四个选项编排在同一行，且 ABCD 四个英文字母相距 10 字符。

首先，在各题目的编号与题目文本之间插入一个 2 字符的制表符。分析题目编号的特点发现，编号格式为“阿拉伯数字 + 英文句点”，那么查找和替换的代码可以如下编写。

【查找内容】中的代码为（[0-9].）。

查找各题的编号。

【搜索选项】：勾选【使用通配符】复选框。

（[0-9].）作为查找的变量，在【替换为】中需要用 \n 表示为公式，需要使用通配符模式才能实现。

【替换为】中的代码为 \1^t。

在查找到的编号之后添加一个制表符。

【格式】中的制表符为：2 字符，左对齐。

指定添加的制表符。

查找和替换之后的效果如图 10.9 所示。

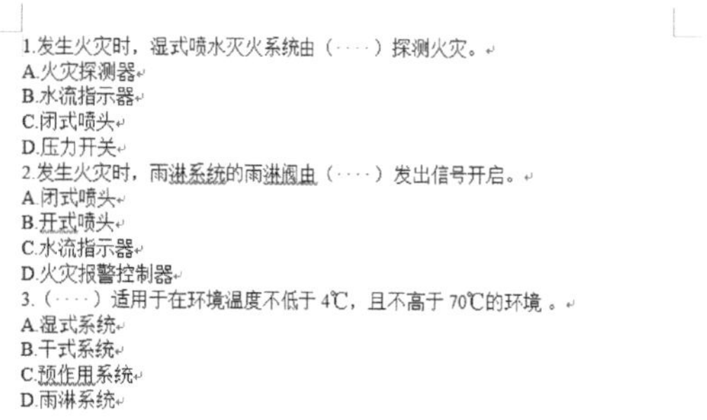

1.发生火灾时，湿式喷水灭火系统由（····）探测火灾。
A.火灾探测器
B.水流指示器
C.闭式喷头
D.压力开关
2.发生火灾时，雨淋系统的雨淋阀由（····）发出信号开启。
A.闭式喷头
B.开式喷头
C.水流指示器
D.火灾报警控制器
3.（····）适用于在环境温度不低于 4℃，且不高于 70℃的环境。
A.湿式系统
B.干式系统
C.预作用系统
D.雨淋系统

图10.8　待重排选项

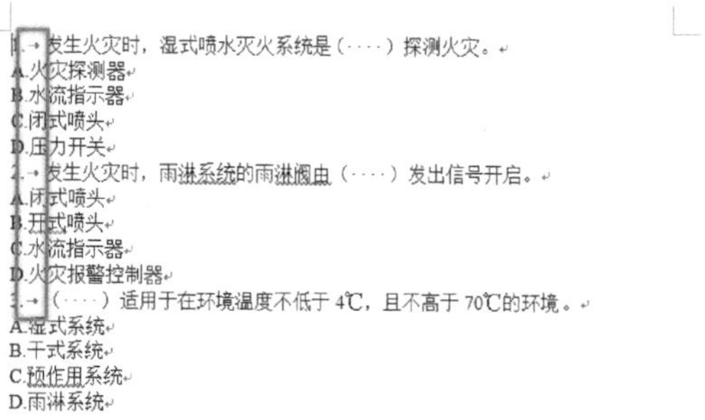

1.→发生火灾时，湿式喷水灭火系统是（····）探测火灾。
A.火灾探测器
B.水流指示器
C.闭式喷头
D.压力开关
2.→发生火灾时，雨淋系统的雨淋阀由（····）发出信号开启。
A.闭式喷头
B.开式喷头
C.水流指示器
D.火灾报警控制器
3.→（····）适用于在环境温度不低于 4℃，且不高于 70℃的环境。
A.湿式系统
B.干式系统
C.预作用系统
D.雨淋系统

图10.9　题目编号与题目文本之间添加制表符的效果

其次，将选项 A 与题目文本首字对齐。只需要查找所有 A 选项，然后在 A 选项之前添加一个 2 字符的制表符即可。

【查找内容】中的代码为（A.*）。

查找 A 选项。如果查找内容为 A.*，【替换为】中不能使用 \n 表示查找的这个内容，如果在【替换为】输入 A.*，最后选项 A 会由“A.+ 文本内容”变成“A.*+ 文本内容”。

【搜索选项】：勾选【使用通配符】复选框。

【替换为】中的代码为 ^t\1。

在 A 选项之前添加一个制表符。

【格式】中的制表符为：2 字符，左对齐。

指定一个 2 字符的制表符。

查找和替换后的效果如图 10.10 所示。

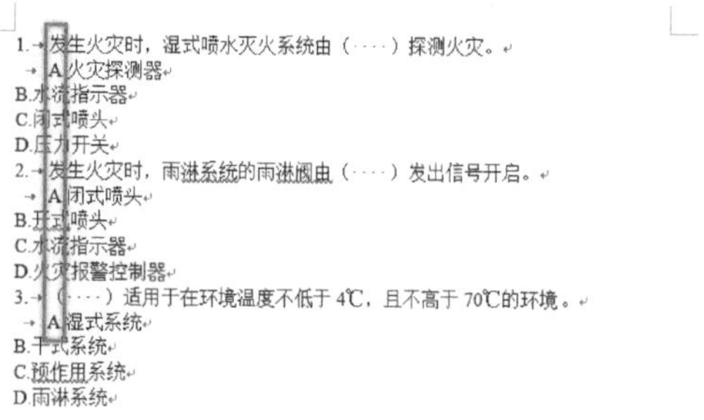

1.→发生火灾时，湿式喷水灭火系统由（····）探测火灾。
→A.火灾探测器
B.水流指示器
C.闭式喷头
D.压力开关
2.→发生火灾时，雨淋系统的雨淋阀由（····）发出信号开启。
→A.闭式喷头
B.开式喷头
C.水流指示器
D.火灾报警控制器
3.→（····）适用于在环境温度不低于 4℃，且不高于 70℃的环境。
→A.湿式系统
B.干式系统
C.预作用系统
D.雨淋系统

图10.10　选项A与题目首字对齐的效果

最后，将 ABCD 四个选项排于同一行。分析发现 ABCD 四个选项之所以没有排于同一行是因为 AB 选项之间、BC 选项之间、CD 选项之间的段落标记将其分别排于两个段落。如果能将 AB、BC、CD 选项之间的这三个段落标记替换为制表符，ABCD 四个选项即可排于同一行。

【查找内容】中的代码为 ^13（[BCD].）。

查找 BCD 三个选项之前的段落标记。[-] 表示指定范围内的任一字符，短划线两端的字符通常是一个连续的序列，如 0-9、a-z。[BCD] 表示 BCD 中的任一字符，因为 BCD 是一个连续的序列，所以 [BCD] 也可以写成 [B-D]。

【搜索选项】：勾选【使用通配符】复选框。

【替换为】中的代码为 ^t\1。

【格式】中的制表符为：2 字符，左对齐，12 字符，左对齐，22 字符，左对齐，32 字符，左对齐。

虽然第二步中已经在 A 选项之前添加了 2 字符的制表符，但是这一步中替换设置制表符时依然应该将 2 字符的制表符添加进去。因为每一行中 Word 按照设置的制表符从左到右依次添加制表符，A 选项之前已有一个 2 字符的制表符，所以需要为其指定一个 2 字符的制表符，不然 Word 将以为该行第一个制表符是 12 字符而不是 2 字符，A 选项之前 2 字符的制表符将变成 12 字符的制表符。

查找和替换后的最终结果如图 10.11 所示。

1.→发生火灾时，湿式喷水灭火系统由（····）探测火灾。↵
→A.火灾探测器→B.水流指示器→C.闭式喷头→D.压力开关↵
2.→发生火灾时，雨淋系统的雨淋阀由（····）发出信号开启。↵
→A.闭式喷头→B.开式喷头→C.水流指示器→D.火灾报警控制器↵
3.→（····）适用于在环境温度不低于 4℃，且不高于 70℃的环境。↵
→A.湿式系统→B.干式系统→C.预作用系统→D.雨淋系统↵

图10.11　选择题查找和替换的最终结果

10.6 查找和替换格式

除了查找和替换内容，Word 还支持查找和替换格式，具体格式选项在【查找和替换】对话框左下角的【格式】中。事实上，前面案例中批量添加制表符就是替换格式。使用方法和替换内容类似，在此不再赘述。

在使用查找和替换功能的过程中，查找内容和格式与替换内容和格式两两搭配可以组成一个矩阵，读者根据自己的实际需要来灵活使用。

参考文献

[1] 张旭东 . 基于 RCM/TPM 的城市污水处理厂设备维修模式研究 [D]. 北京：清华大学 , 2015.

[2] 华咏梅 , 金蕾 , 孟秀英 . 正常k者下颌运动的肌电活动研究 [J]. 中国实用美容整形外科杂志 , 2006(1):78-80.

[3] 宋翔著 . Word 排版之道 [M]. 北京：电子工业出版社 , 2015.

[4] 冯长根 . 怎样撰写博士论文 [M]. 北京：科学出版社 , 2015.

[5] 郝秀清 . 科技论文中表格的规范化设计及加工 [J]. 山东理工大学学报 (自然科学版), 2012(4):107-110.

[6] 黄秉升 . 科技论文中三线表的使用琐议 [J]. 涂装与电镀 , 2011(2):44-47.

[7] GB/T 15835—2011 出版物上数字用法 [S]. 2011.

[8] 侯小娟、张玉军 . 有机化学 [M]. 武汉 : 华中科技大学出版社 , 2019.

致 谢

这是我第一次写书，也是我目前写过最长的文档。现在回想起来，当初决定写书仅仅是为了将自己对 Word 的理解和认识进行一个总结，避免时间长了之后自己又忘了。因此，严格来说，这更像是我的学习笔记。我从不敢班门弄斧，也从未奢望过能够将自己的成果整理出版。当王铁编辑找到我洽谈出版事宜时，内心还是特别激动的。于己而言，这次出版的意义，更多的是一种经历和学习。

由于工作上的其他事情，书稿的修订计划常常被无情地打乱，焦灼、烦躁、紧张和胆怯等情绪，不时涌上心头。好在王铁编辑给了我充分的理解，生活上又得到亲朋好友的照顾，父母的问候、爱人的照顾、朋友的支持，让我在繁杂的工作之余能够抽出时间静下心来慢慢修改。在修订书稿的过程中，又让我找到了当年读书时的单纯，找到了自己一直追求的节奏感。感谢这一路走来时，给予我帮助和支持的亲朋好友，感谢让我茁壮成长的各种经历。希望自己的拙笔能对他人有所帮助！